小針司　著

防衛法概観

文民統制と立憲主義

信山社

はしがき

二一世紀が平和の幕開きかと思いきや、二〇〇一（平成一三）年九月一一日、いわゆる「米中枢同時多発テロ」が発生し、米国の世界経済戦略のシンボルともいうべきツインタワーの世界貿易センタービルは崩壊し、五千人余というおびただしい死傷者が出た。このテロ攻撃は、非軍事的のみならず、軍事的にみても二重の意味で許し難い。第一に、攻撃者が民間機を乗っ取り、民間人を巻き込んでその攻撃手段としたこと。これでは、純然たる自爆「テロ」などと語ることはできない。第二に、攻撃目標が民間施設であったこと。なるほど、それが米国の世界経済戦略の中枢であったとしても、決して軍事目標ではなかった。このようなことからすれば、このたびの「テロ攻撃」は攻撃者がいう「ジハード（聖戦）」とはまったくほど遠いものであった。こうして、新世紀の初年、二〇〇一年は、まことに悲惨かつ不気味なイスラム原理主義のテロ攻撃をもってその幕を切って落としたのである。この攻撃に対するその後の米国の対応は周知のとおりであり、外交戦略を駆使し各国の支持を取り付け、軍事行動の環境整備を行った。このように用意周到な準備のうえでなされた、アフガニスタンのタリバン政権に対する軍事行動は峻烈を窮め、結局タリバン政権は瓦解し、同政権を後ろ盾としていた（?）、ウサマ・ビンラディン率いる「テロ組織」アルカイダもその活動の主要な根拠地を失った（ただし、アルカイダが絶滅したわけではない）。

こうみてくると、一見、米国の軍事行動には国際法上何の問題も存しないかのようにみえる。しかしながら、子細に検討するならば、そもそも「テロ」ないし「テロ攻撃」とは何か、それは「犯罪」か「（一種の）戦争（武力攻撃）」か、テロ攻撃を行ったテロリストは「犯罪者」かそれとも捕らえられたとき捕虜として取り扱われるべき「戦闘員」か、テロ攻撃に対してとられるべき対抗措置は警察作用なのか軍事（防衛）作用なのか、といった実に新奇で厄介な問題が生起する。これまでの国際公法である国際法や国内法をもってしてはうまく説明できない事象ではなかったか、という思いがしてならない。

かくも甚大な破壊行為を行える主体が国家ではなく、またそれに準じた国際的な意味での地域的統治団体（例えば、台湾）でもなく、一握りの「テロリスト」たちであったとは、これまで予想だにされなかったのではあるまいか。予想だにされなかった事態が現実のものとなったとき、対応面での困惑があったと思われる。「テロ」が犯罪であれば、それは国際法上の「武力攻撃」ではなく、それを鎮圧するのも警察作用である。とすれば、それは国内法の治安維持の問題に帰着する。したがって、国連憲章五一条に規定する自衛権の援用はできないはずである。事の重大さからして「重大テロ」と呼称しても、「量」から「質」への転換がはかられなければ同じ事である。少なくとも、国連憲章で定める自衛権発動のためには国連加盟国への「武力攻撃」が必要であった。したがって、米国の軍事行動が同憲章五一条に規定する自衛権に基づくものと主張するためには、この度の「テロ攻撃」を「武力攻撃」と見立てざるを得なかったのであり、その意味ではブッシュ大統領の「新しい戦争」とはまことに言い得て妙であり、意味深長な表現でもある。

このような文脈に据えて米国の軍事行動を冷静に分析すれば、それは問題の終わりではなく、問題の始まりといってよい。つまり、いわゆる「重大テロ」なるものの法的性格の把握問題、それへの対処問題が改めて我々に突きつけられたといえよう。わが国はかかる事態に対し、「平成十三年九月十一日のアメリカ合衆国において発生したテロリストによる攻撃等に対応して行われる国際連合憲章の目的達成のための諸外国の活動に対して我が国が実施する措置及び関連する国際連合決議等に基づく人道的措置に関する特別措置法」（平成一三・一一・二法律一一三、同日施行）、いわゆる対テロ特措法をもって応じた。ただ不思議なことに、固有名詞的に呼称された

「平成十三年九月十一日のアメリカ合衆国において発生したテロリストによる攻撃（「テロ攻撃」）」はさておき、同法の目的を定める一条に規定され、「防止及び根絶」の対象とされる「国際的なテロリズム」について、その定義はおろか、説明すらみられない。いったい、何人がある事象をして国際的なテロリズムと認定することになるのであろうか。

加えて、同日二日、同法に関連して自衛隊法の一部改正が行われ、自衛隊法の附則に新たに新一七項、新一八項が追加され（旧三一項は新三三項、旧一七項から旧三〇項まで二項ずつ繰り下げ、旧一六項の次に二つの項を加える）、さらには「海上保安庁法の一部を改正する法律」（法律一一四）、「自衛隊法の一部を改正する法律」（法律一一五）が公布された。後者の自衛隊改正法により「防衛秘密」が法文化されるに至った（同法九六条の二、罰則規定は一二二条）。

また、有事法制も議事日程に上り始め、防衛を取り巻く立法状況はにわかに慌ただしさを増しつつある。ただ一言付言すれば、まさにこのような状況であればこそ、今一度、我々は自分たちが現在占めている、否置かれている位置を心静かに再確認する必要がある。そうした観点から本書の狙いを語れば、軍事的防衛という領域において、このような位置関係を見定めうる座標軸を国民個々に提供することにある。

実は、信山社の村岡侖衛氏の要望も、著者の見解提示より、何はさておき防衛という問題に取り組むあたって、「骨太な座標軸」を一般国民に示して欲しいというものであった。とはいえ、本書上梓まで爾来数年の歳月が流れ、いたく村岡氏にはご迷惑をおかけした。著者の能力不足と不器用さのなせる業である。深くお詫びする。

こうした事情からものされた本書は、できるだけ一般国民の目線に合わせ、国民生活に近いところからわが国の防衛法制を解き明かすという基本姿勢に立っているはずである。ただ事実、そのようになっているかは読者のご叱正に委ねるほかはない。

この座標軸という点に触れれば、国の内外という視点からは安保・協定軸（国際法レベル）と防衛二法軸（国内法レベル）の二つ軸を提示できる。前者の軸の変動が後者の軸に及ぼす影響はまことに大きい。平成一三年の一連の防衛関連法の制定・改正はこのことを如実に物語っている。国内法レベルでは、国民生活と防衛（自衛隊）両者の距離を軸として据えた。国民生活との距離の遠近に応じ、近くから遠くへという具合に本書は組み立てられている。例えば、「第**3**章　自衛隊の働き」を例にとると、「Ⅰ　国内での働き　㈠　災害出動　㈡　治安出動　㈢　防衛出動　㈣　その他の働き」という順であり、これに「Ⅱ　国外での働き」が続くという具合にである。端的にいえば、「国政の主人公は国民である」というのが国民主権の意味するところであろう。軍事・防衛とは、いささか焦臭《きな》い事柄ではある。しかし、主権者たる国民がそれから目をそらすわけにはいかないのも冷厳なる事実である。本書がこのような事柄を考えるうえで、何ほどかお役に立てば望外の幸せである。

おわりに、村岡氏をはじめ、本書の出版にご協力をいただいた信山社の皆様、その他の関係各位に心から感謝申し上げる。

平成一四年二月

春まだ遠い、みちのくの岩手県立大学滝沢キャンパスにて

小　針　　司

小針　司　著　防衛法概観――文民統制と立憲主義

目　次

第1章　国民生活と防衛

Ⅰ　事始め――過去に学び、今を読む

一口に、「国民生活と防衛」とはいっても、駐屯地や基地等の所在する地域および周辺地域の住民を除けば、今ひとつ実感がわかないであろう。国内の治安維持の場合は格別、国家最強の武力組織である軍隊なるものの主な任務が対外的防衛であり、したがってその銃口が原則的には外に向けられるべきだとするならば、このような相互の日常関係の稀薄さは、むしろ望ましいことなのかもしれない。

ところで、この度、「周辺事態安全確保法」（平成一一年五月二八日法律六〇号）が制定されたが、それはその名の通り、「周辺事態（そのまま放置すれば我が国に対する直接の武力攻撃に至るおそれのある事態等我が国周辺の地域における我が国の平和及び安全に重要な影響を与える事態―同法一条）」へ対応することを目的とするものである。そして、関係行政機関の長は、地方公共団体の長のほか、九条二項により、「法令及び基本計画に従い、国以外の者に対し、必要な協力を依頼することができる」とされている。ここにいう「国以外の者」とは民間人のこと

であろうし、また「基本計画」とは同法四条からして「対応措置に関する基本計画」である。ところで、この対応措置というのは、①「後方地域支援」、②「後方地域捜索救助活動」、③その他の周辺事態に対応するため必要な措置（同法二条一項）のことである。武力紛争にあっては「前線」と「後方」という言葉をよく耳にするが、「周辺事態への対応措置」とは、まさに「後方」支援の部類に属する。しかも、この支援は周辺事態に際して日米安保条約の目的の達成に寄与する活動を行っているアメリカ合衆国の軍隊（合衆国軍隊）への支援である。このように、日米安保体制のもと、今日、国民生活と防衛は法制上深いかかわりをもつに至っているといってよい。

さて、はるか数百年前に目を転じ、歴史を紐解《ひも》けば、イギリスの権利請願（一六二八年六月七日：同年五月二八日両院通過、六月二日国王へ提出）が浮かんでくる（以下の「権利請願」および「権利章典」の引用は、宮沢俊義他編『岩波文庫　人権宣言集』（岩波書店、昭和三一、昭和四八）に拠る）。ものの本によりその成立の由来をたずねれば、こうである。チャールズ一世（一六二五―四九年）は、スペインおよびフランスとの戦争のために生じた財政難を救うべく、人民から法律によることなしに強制的に金銭を集めようとし、かかる政策の反対者をばなんら理由を示さず逮捕し、加えて人身保護令状の発給を拒むなどの挙に出た。そこでそれに対抗すべく、議会による「権利請願」、すなわち「本国会に召集された僧俗の貴族および庶民により、国王陛下に奉呈され、これに対して陛下が国会全体に勅答を給うた請願」ということになったのである。

ところで、この権利請願には国王への数多くの奏上がみられるが、その中に軍隊にかかわる、次のような興味深い数節が認められる。

㈥　また、近来王国の諸州に、陸海兵士の大部隊が方々に派遣され、王国の法と慣習とに反して、住民は、その意に反して、かれらをその家に迎え、かつ迷惑にもかれらの逗留《とうりゅう》を許すことを強制されており、人民の大きな苦悩の種になっている。

㈦　また、エドワード三世治世第二五年に、国会によって、何人も、大憲章および国法の定めるところに反して、生命または肢体を裁判によって奪われることはない、と宣言され規定されている。（中略）それにもかかわらず、最近、陛下の国璽《こくじ》を捺《お》したさまざまの授権状が発せられ、それによって、ある人々が、つぎのような権能と権限とをもつ奉行に指名され、任命された。その権能および権限とは、陸海兵士その他かれらとともに動く放縦な人々で、殺人罪、強盗罪、重罪、叛逆罪、その他すべての非行または軽罪を犯した者に対し、国内で、軍法によって訴追をなし、戦時中軍隊で用いられる軍法の認める簡易な手続と順序によって、このような犯罪人の審理と有罪の宣言を行い、軍法にしたがってかれらに対し死刑を執行し死にいたらしめる、という権能と権限である。

㈧　前記の授権状を口実に、数人の陛下の臣民が、前記の役人中の数人の者によりて死にいたらしめられた。この場合、もしかれらが国の法律によっても死刑に価するのであれば、かれらはこの〔国の〕法律によって裁判され処刑さるべきであって、他の法律によって裁判され処刑されるべきではない。

かくして、このような現状を踏まえ、国会に召集された僧俗の貴族および庶民は、国王に次のことを嘆願した。第一に、陛下がかしこくも前記㈥の陸海兵士を立ち退かせたまい、陛下の人民が将来それによってわずらわされることがないこと（人民の意に反する、兵士の宿営強制の禁止）。第二に、軍法による裁判〔を命ずる〕前記㈦のような授権状が撤回され、無効とされること。今後、同様の性質をもつ授権状が、前記のように執行されることを目的として発給されることは――それがいかなる人に対してであるにせよ――ないこと（軍法による簡易な裁判の禁止と国の法律による裁判の要請→法の支配）。

この権利請願のほか、イギリスには、名誉革命の善後措置に法的効力を与えるため一六八九年一二月一六日に制定された法律である「臣民の権利および自由を宣言し、王位継承を定める法律」（一六八九年一二月一六日）、いわゆる「権利章典」もあって、軍事にかかわる部分を摘出すれば次のとおりである。

前王ジェイムズ二世は、その用いたさまざまの邪悪な顧問官、裁判所および廷臣の補佐によって、新教およびわが主国の法律と自由とを〔つぎのような手段で〕破壊し根絶しようと企てた。すなわち、

㈤　国会の同意なくして、平時において常備軍を徴集してこれを維持し、かつ法に反して兵士を〔民家に〕宿泊せしめたことにより、

（前略）僧俗の貴族および庶民は、（中略）かれらの古来の自由と権利を擁護し、主張するため、つぎのように宣言した、すなわち、

㈥　平時において、国会の承認なくして国内で常備軍を徴集してこれを維持することは、法に反する。

㈦　新教徒である臣民は、その状況に応じ、法の許す〔範囲内で〕自衛のための武器をもつことができる。

前記の僧俗の貴族および庶民は、前記諸条項の一つ一つを全部、要求し、主張するものである。また、前記諸条項のいずれについても、人民に害となるような宣言、判決、行為または手続は、将来いかなる意味においても、これを有効とし、または先例としてはならない。

いささか歴史懐古のきらいがないでもない。しかし、この権利章典においても権利請願と同様に「兵士の民家への違法な宿泊」が問題視されていることは、この宿泊という問題が、懐古趣味を超え、国民生活と防衛を考えるうえで興味深い論点を内包している、といえるのではあるまいか。加えて「平時」という限定はあるものの、「国会の承認なしの常備軍の徴集および維持」を違法としていること、新教徒である臣民の自衛のための「武器保有」権が主張されていることは、今日においても通用性を有するように思われる。後者の「武器保有」権にい

たっては、今なおアメリカにおいてかまびしすく論じられている一大争点であろう。その意味で、数百年前の事柄とはいえ、著者には意想外に新鮮に感じられるのである。それは、兵士の宿営問題が「兵站《へいたん》」という軍事的専門用語で語られる事柄と密接にかかわりあっているからかもしれない。そして、この宿営問題や「兵站」は、今日においても、ひとたび「有事」ともなれば、突如として浮上してくる事柄である。この有事にあっては、「前線」と「後方」の問題が必ず発生する。後方における最大の問題は、なんといっても「前線」部隊への軍需物資等の輸送・補給である。軍隊・自衛隊の作戦行動にとって輸送・補給の果たす役割は決して軽視されてはならない（戦場を跳梁跋扈《ちょうりょうばっこ》する戦車といえども、撃つべき砲弾なく、走行するための燃料もなく、またエンジンが止まってしまえば、それはただの鉄の塊《かたまり》にすぎない。この点で興味深いのは、第二次世界大戦でドイツのロンメルにより展開された「砂漠機動戦」に関する、M・v・クレヴェルト『補給戦』（佐藤佐三郎訳）（原書房、昭和五五）の次の一節である。「ドイツ軍は砂漠戦に全く不慣れだったために、経験不足から生じる他の問題にも直面した。（中略）ドイツ製のエンジン、特にオートバイのエンジンは過熱し止まりやすかった。戦車のエンジンも同様で、その寿命は一四〇〇〜一六〇〇マイルから、たったの三〇〇〜九〇〇マイルに短くなっていた（同書・一七四頁）」。そして、国民生活と密接な関係を有することになるのも、この輸送・補給等の後方支援問題（人力（労務）の徴用・物資の調達を想起されたい）であろう。

「有事」というのもややドラスティックな感がするが、この有事という問題こそ、「国民生活と防衛」というテーマを究極的に考えるうえでは避けることのできない問題なのである。わが国では、敗戦という原体験があまりにも国民を呪縛《じゅばく》し続けてきたためか、自衛隊という武力組織が厳然と存在し続けているにもかかわらず、この有事（法制）問題を心静かに考えることすら忌み嫌われているように著者には思われてならない。いわんや、その立法化に至っては政治の世界にあって一種タブー視されているといってよい（有事の法制化、すなわち有事立法は

「戦争」への道、というリアクション）。敬して疎《うと》んずるとは誠に言い得て妙である。この「有事」というある種の極限状態の中で国民生活がどうなるか、詳しくは後述するが、本書へ切り口をつけるという意味で簡単にここでも一瞥《いちべつ》しておくことにしたい。

◇「**兵站（logistics）**」、「**兵站・兵站業務（logistics）**」および「**策源地**」

①「兵站（logistics）」　部隊の戦闘力を維持増進して、作戦を支援する機能であって、補給、整備、回収、交通、衛生、建設、不動産及び労務、役務等を総称していう（陸上自衛隊、統合幕僚会議）。

②「兵站・兵站業務（logistics）」　作戦軍ト策源トノ間ヲ連絡シ、ソノ連絡線上ニ所要ノ施設ヲ施シ必要ナル機関ヲ使用シ、コレニヨリ軍ヲシテ常ニ戦闘力ヲ維持増進シ、後顧ノ憂ナクソノ全能力ヲ発揮セシムベキ諸般ノ施設及ビコレガ運用ヲ言イ、作戦上必要ナル軍需品及ビ馬ノ前送、補給、傷病人馬ノ収療及ビ後送、要整理物件ノ処理、戦地資源ノ調査、取得及ビ増殖、通行人馬ノ宿泊、給養及ビ診療、背後連絡線ノ確保、占領地行政等ハ兵站業務ノ主要ナル事項ナリ（大日本帝国陸軍）。

③「策源地」　作戦部隊の背後にあって、作戦部隊の人的、物的戦力を維持培養する源泉となる基地、又は基地群を含む地域をいう（海上自衛隊）。

作戦部隊の人的、物的戦闘力を、維持増進する源泉となる基地又は基地群を含む地域をいう（統合幕僚会議）。

［眞邉正行編著『防衛用語辞典』（国書刊行会、平成一二）］

Ⅱ　有事における国民生活

ところで、「有事法制」とはそもそも一体いかなる法制を指すのであろうか。この点については、さしあたり防衛庁編『平成一三年版　防衛白書』にならって、有事法制とは「わが国に対する武力攻撃が発生した場合に必要と考えられる法制」（一二五頁）の意と解しておく（広くとらえれば、災害時（非常時）にとられる通常（平常時）とは違った法制をも射程に入るであろう）。とすれば、「有事」とは「わが国に対する武力攻撃が発生した場合」ということになろう。なお、内閣総理大臣の了承のもとに、三原防衛庁長官（当時）の指示によって開始された、防衛庁における「有事法制の研究」は、その研究対象を「自衛隊法第七六条（防衛出動—小針）の規定により防衛出動を命ぜられるという事態において自衛隊がその任務を有効かつ円滑に遂行する上での法制上の諸問題」としている（参照、「防衛庁における有事法制の研究について」（昭和五三年九月二一日））。そして、この研究にあたって準拠すべき基本原則は、次に掲げるとおりである。

第一に、シビリアン・コントロールの原則に従って行われるべきこと。これは、内閣総理大臣の了承を受けることなく、自衛隊制服組レベルで行われた「昭和三八年度統合防衛図上研究実施計画」、いわゆる「三矢《みつや》研究」の反省に立ってのことと推察される。ちなみに、この研究は第二次朝鮮戦争勃発を想定して、八七件にも及ぶ戦時総動員立法を二週間で国会を通過させ、憲法を停止させ、米軍の指揮下における自衛隊の行動を机上で研究したもの、とされている（参照、伊藤正己他編『憲法小辞典』（有斐閣、増補版、一九八〇（昭和五五））。ただ、現在の防衛研究所の前身である「防衛研修所」では、この研究に先立つ一九五八（昭和三三）年に「研修資料別冊第一

七五号　自衛隊と基本的法理論」、特にその「第五編　非常事態法理」および「第六編　再軍備に伴う国内法制の整備」という形ですでに「有事法制」の研究が行われていた。これら二編の内、現行憲法下のわが国に直接かかわってくるのは後者の方なので、それにつき簡単にふれておく。

それは、「再軍備後における国内法制整備の問題は、もとより憲法改正後における国内法制整備の問題である」という書出しで始まり、そのねらいとするところは、「再軍備後における整備せられた国内法制は、いかなる態様にあるかを概観し、しからば、これらの法制が現憲法の精神下にどの程度迄許容せられるものであるかの、次に来る可き問題の準備をなす」にある。そして、この国内法制検討の拠り所とされたのが、「第二次大戦中における我国法令」であった。というのも、「第二次大戦中において、戦争中に必要な法令の基本事項は殆んど出尽して居り、将来の検討は、いづれにしても之らを基とし、今後の時勢の発展に応じた今後の問題が考慮さるべきものであろうからである」（同研修資料二四七頁）。

加えて、「第六編　再軍備に伴う国内法制の整備」の構成は次のようになっている。「第一二章　防衛の基本的組織並びに運営に関する法令の整備　第一節　非常事態対策　第二節　行政組織の整備並びに権限の集中化　第三節　民防空並に民防衛に関する組織の整備　第一三章　人に関する法令の整備　第一節　平時より準備し、戦時若しくは事変に際し、制定化せらるべき法令　第二節　平時より制定しをかるべき法令　第一四章　物、施設及び金《かね》に関する法令の整備　第一五章　軍隊に必要な法令の整備　第一節　組織に関する法令の整備　第二節　人に関する法令の整備　第三節　物及び施設に関する法令の整備　第四節　金に関する法令の整備」、という具合にである。したがって、少なくともこの時点での研究は明治憲法下の「有事法制」の余韻《よいん》を未だにとどめていたことになる。

第二に、自衛隊の行動は、もとより国家と国民の安全と生存を守るためのものであり、有事の場合においても可能な限り個々の国民が尊重されるべきことは当然であること。

第三に、今回の研究は、むろん現行憲法の範囲内で行うものであるから、旧憲法下の戒厳令や徴兵制のような制度を考えることはあり得ないし、また、言論統制などの措置も検討の対象としないこと。

してみると、実態はどうかの問題はあるが、一九七八（昭和五三）年に開始された「有事法制」研究のスタンスは、前掲『自衛隊と基本的法理論』（研修資料）のそれとだいぶ趣を異にするように思われる。ただ、「言論統制などの措置も検討の対象としない」との基本姿勢がどこまで貫徹できるのかについては、やはり疑問というべきであろう（例えば、「流言飛語《りゅうげんひご》」の取締りという名目での言論統制）。

ちなみに、同・研修資料によれば（二五〇～二五一頁）、「非常事態対策」の一つとして、行政型緊急権に属する制度である「戒厳」が取り上げられており、その内容は概要次に掲げるとおりである。

旧戒厳法をもととし、新戒厳法に最低限度必要な事項は、次のとおり。

一、戒厳地区内の知事、地方総監、又は戒厳司令官は、次の非常警察権を有すること。

a. 集会、多衆運動等の禁止、制限解散

b. 新聞、放送、雑誌、文書等の停止、禁止

c. 郵便、通信の検閲

d. 鉄砲刀剣、火薬類等の使用所持等の禁止、検査、押収

e. 運輸通信の停止統制

f. 船舶、航空機、車両等の立入、検査

g. 食糧その他必需物資の移動の禁止

h. 民有家屋等の立入、検査
i. 特定地域内の者に退去命令、立入禁止、外出禁止
j. 緊急止むをえぬとき、動産、不動産の使用、破壊焼却
k. 国又は地方公共団体の動産又は不動産の必要な範囲での使用

二、関係主務大臣その他政令で定めた者は、次のような権限を有する
a. 必要な物資の生産、集荷、販売、配給、保管又は輸送を業とする者に対し、物資の保管命令、使用、収用、調査の権限
b. 病院、診療所、旅館等の施設の管理、使用の権限
c. 医療、輸送、通信、放送、土木建築工事等に従事する者に従事命令

三、軍事裁判所の問題
一般裁判所を設置しつゝ、特別裁判所としての軍事裁判所を設けるか。軍事裁判所を審《ママ》裁判所とするや否や、軍事裁判所の管轄権をいかなる範囲において認むるや（民間人の軍事犯罪、軍人の民事犯罪軍人の民事犯罪などの取扱に、一般裁判所との競合問題の解決）、軍刑法、刑事訴訟法の特例等の解決も要する。

新戒厳法がこのまま制定・施行されるとすれば、「言論統制などの措置も検討の対象としない」という有事法制研究の基本姿勢と齟齬《そご》することは明らかであり（前述「a. 集会、多衆運動等の禁止、制限解散」および「b. 新聞、放送、雑誌、文書等の停止、禁止」からして）、現行憲法との整合性もすこぶる疑わしい。もっとも、憲法改正によってこのような有事法制を構築するのだというのであれば、問題は別である。事の是非はひとまず措き、何

れにせよ、この新戒厳法は「有事における国民生活」がどのようなものかを、極めて鮮やかに描き出してくれる。

では、わが国における現時点での有事法制の研究状況はどのようなものであろうか。これまで、「有事法制の研究について」という表題で一九八一（昭和五六）年四月二二日および一九八四（昭和五九）年一〇月一六日の二回にわたり中間報告が公表されている。研究は、「自衛隊の行動にかかわる法制」・「米軍の行動にかかわる法制」・「自衛隊及び米軍の行動に直接にはかかわらないが国民の生命、財産保護などのための法制」の三項目に分けて進められている。「自衛隊の行動にかかわる法制」についていえば、防衛庁所管の法令および他省庁所管の法令についての問題点の整理は、これまでにおおむね終了し、所管省庁が明確でない事項に関する法令については、政府全体として取り組むべき性格のものであり、個々の具体的検討事項の担当省庁をどこにするかなど今後の取扱いについて、内閣安全保障・危機管理室が種々の調整を鋭意行っているところである（前掲・『防衛白書』八九頁）。その他の項目は、今後の検討課題である。まさに、この「その他の項目」中に「自衛隊及び米軍の行動に直接にはかかわらないが国民の生命、財産保護などのための法制」が含まれ、手つかずのまま今日に至っているのである。これが、わが国の現状である。したがって、「有事における国民生活」という見出しはつけたものの、その姿・形は現行法制を見る限りでは、杳《よう》として浮かんでこないのである。

Ⅲ　「専守防衛」と国民の生命・身体・財産等の保護

わが国の防衛政策の基本の一つが「専守防衛」である。では、「専守防衛」とは何か。前掲・『防衛白書』は次のように説いている。

「専守防衛とは、相手から武力攻撃を受けたときに初めて防衛力を行使し、その態様も自衛のための必要最小限にとどめ、また、保持する防衛力も自衛のための必要最小限のものに限るなど憲法の精神にのっとった受動的な防衛戦略の姿勢をいう。」（七七頁）

ということは、初めに「相手からの武力攻撃ありき」ということになる。武力攻撃が行われるということは、国民の生命・身体・財産等の滅失・毀損の蓋然性《がいぜんせい》が極めて高いということである。このような犠牲を前提にして、わが国は初めて防衛力の行使に訴えることができるのである。かかる生命・財産等の滅失・毀損に国家や国民はどう対処するのであろうか。被害地の住民をそのまま放置してよいはずはなく、その避難を図らなければならない。またその地域一帯が「作戦地域」ともなれば、住民は安閑としているわけにもいくまい。さらに自衛隊による反撃のための作戦行動（応戦）が始まれば、相手国軍隊との戦闘が当然予想され、そのような「場」にはもはや「平穏な日常性」は存在しない。

はなはだ茫漠《ぼうばく》としているが、著者の脳裏をよぎる疑問は、次に掲げるとおりである。一言でいえば、「有事と財産権」ということになろうか。

①　補給戦における非常徴用権（アングリー権）または鹵獲《ろかく》権（敵の軍需物資を奪い取る権利）の問題。はたして、今日においてもこのような「権利」は国際法上認められるのか。現地における徴発権とその法的根拠、敵軍の（補給）物資の扱いはどうか。当該物資を自軍の補給物資とすることの法的許容性とその法的根拠はどうか。このような行為は戦争犯罪を構成しないか否か。

②　わが国における自衛隊の部隊行動と徴発権の問題。憲法二九条の財産権保障との関係いかん。特に「専守防衛」という防衛戦略を採用するわが国にあって、国内における物資調達をどうするかは大きな問題であろう。任意的に通常の売買取引で入手できるのであれば格別、そうでなければ強制的にでも必要な物資を確保しなけれ

ばならないはずである。その手段・方法として何があるのか。この問題の法的検討・研究はこれまで十分に行われてきたのであろうか（この有事における物資調達問題が十全な形で、少なくとも公式に検討されてきたとは思われない）。

③　憲法二九条三項にかかわるが、徴用・徴発への補償の要否の問題、戦闘行為による私有財産の損壊に対する補償の要否の問題および作戦地域における軍需物資の調達（補給戦）と個人の財産権補償との関係いかんなど。

これまで、「国民生活と防衛」という表題のもとに、はなはだ雑駁《ざっぱく》ではあるが、縷々《るる》述べてきた。ただ、ここでは個々の問題へ深く立ち入ることは控える。次章以下の個別のテーマでそれらは取り上げられるべき事柄だからである。この章では、国民生活が防衛というものとどのようなかかわり（それは決して国民の生命・身体の毀損にとどまるものではない）をもつことになるのかを簡潔に示し、加えて著者の問題意識を可能な限り鮮明にして、読み手に伝えることでよしとしたい。これが、本書に切り口をつけるということである。

◇　「武力攻撃（armed aggression）」

自衛隊法第七六条の用語法「外部からの武力攻撃」、「外部からの武力攻撃のおそれのある場合」について

①　「外部からの武力攻撃」とは、外国軍隊のわが領域への侵入、外国軍隊のわが領域等に対する攻撃、外国からの武装部隊（例：義勇軍）のわが領域への侵入、外国からのわが領域内における内乱者に対する大量の武器の供与により内乱を発生させ、又は拡大させ、実質的にわが領域に侵入したと同様に考える場合等をいう。

これは、「直接侵略」よりも広い概念である。また、国際連合憲章第五一条に定める「……国際連合加盟国に対して武力攻撃が発生した場合」の「武力攻撃」と同義である。

さらに、「外部からの武力攻撃」と「間接侵略」とは、ある部分において競合する。すなわち、「間

接侵略」は、一又は二以上の外部の国の教唆又は干渉によって引き起こされた大規模の内乱及び騒擾《そうじょう》をいう。したがって、外部の国が内乱者に大量の武器を供与することにより、内乱を発生させ又は拡大させた場合においては、第七六条による「防衛出動」又は第七八条による「命令による治安出動」の双方が考えられるが、事態に即した内閣総理大臣の判断と国会の承認に委ねられる。

②　作戦地域（AO, Area of Operation）とは、部隊が作戦する概略の地域をいう（陸上自衛隊）。攻勢又は防勢にかかわらず、与えられた任務に基づく軍事行動及びそのような軍事行動に付随する管理のため軍政に必要な戦場の一部分をいう（米軍・NATO軍）。

③　作戦・軍事行動（operation）とは、軍事的行動或いは戦略的、戦術的、戦務、訓練、管理的及び軍事的任務の遂行のことをいう。すなわち、すべての戦闘又は会戦の目標をとらえるのに必要な移動をいう。補給、攻撃、防御、機動及び演習を含む戦闘遂行過程を指す（米軍・NATO軍）。

④　戦闘（battle, combat）とは、作戦の個々の場面において、戦闘力を行使する行為及びその状態をいう（陸上・航空自衛隊、統合幕僚会議）。

［眞邉・前掲書］

第2章　自衛隊の成立

Ⅰ　その成立過程

㈠　警察予備隊・海上警備隊から自衛隊へ

自衛隊は、警察予備隊（一九五〇（昭和二五）、海上にあっては海上警備隊）、保安隊（一九五二（昭和二七）、海上にあっては警備隊）を経て、一九五四（昭和二九）年防衛二法、すなわち防衛庁設置法（以下「庁設置法」という）および自衛隊法（以下「隊法」という）によって設置された。

まず、警察予備隊であるが、その設置の最大要因は一九五〇（昭和二五）年六月二五日に勃発した「朝鮮戦争」であった（これに対処すべく、七月七日には米軍を中心とする「国連軍」が創設された。ただし、この「国連軍」は、国際連合が国連憲章四二条に基づき使用する兵力として、同四三条の特別協定に従って国連加盟国が安全保障理事会に利用させる兵力、すなわち同憲章が本来予定していた国連軍とは異なるものである。他方、当時、わが国はまだ占領下にあり、連合国占領軍の支配に服していた)。このような事態を踏まえ、国内の治安を確保し、国家地方警察および自治体警察の警察力を補完すべく、警察予備隊令(マッカーサー連合国最高司令官の指令に基づくポツダム政令。昭和二五年八月一〇日、政令二六〇号)によって、警察予備隊が設けられた。同月一四日、警察予備隊初代長官に増原恵吉氏が就任し、同年九月七日には警察予備隊本部が国警本部から越中島へ移転した。

さて、その設置目的・任務等は、同令によれば次のとおりである。

「この政令は、わが国の平和と秩序を維持し、公共の福祉を保障するのに必要な限度内で、国家地方警察及び自治体警察の警察力を補うため警察予備隊を設け、その組織等に関し規定することを目的とする。」(一条)

「警察予備隊は、治安維持のため特別の必要がある場合において、内閣総理大臣の命を受け行動するものとする。」(三条一項)

「警察予備隊の活動は、警察の任務の範囲に限らるべきものであって、いやしくも日本国憲法の保障する個人の自由及び権利の干渉にわたる等その機能を濫用することとなってはならない。」(同条二項)

こうしているうちに、一九五二(昭和二七)年四月二六日、海上保安庁に海上警備隊が設けられ、七月三一日には保安庁法(昭和二七年七月三一日、法律二六五号)の公布をみて、八月一日、保安庁設置、警備隊発足となり、一〇月一五日には保安隊が発足するに至った(同法附則二項によれば、「警察予備隊は、昭和二十七年八月一日から昭和二十七年十月十四日までの間、保安庁の機関として置かれるものとする」とある。同月三〇日木村長官就任)。その間、外交面で最大の出来事があった。同年四月二八日の対日講和・日米安全保障条約の発効がそれであり、またわが国の主権回復とともに日本の占領管理に携わっていた極東委員会・対日理事会・GHQが廃止された。

ところで、保安隊・警備隊の任務であるが、保安庁法には保安庁の任務に関して次のような規定がみられ、この規定の趣旨は実質的には保安隊・警備隊にも当てはまる。

「保安庁は、わが国の平和と秩序を維持し、人命及び財産を保護するため、特別の必要がある場合において行動する部隊を管理し、運営し、及びこれに関する事務を行い、あわせて海上における警備救難の事務を行うことを任務とする。」（四条）

保安隊と警備隊との関係は、同法五条の定めるところであるが、同条三項は各々の任務にふれ、次のとおりである。

「保安隊は主として陸上において、警備隊は主として海上において、それぞれ行動することを任務とする。」

なお、同法三条一項により、「保安庁の長は、保安庁長官とし、国務大臣をもって充てる」とされた（現行庁設置法三条は、「防衛庁の長は、防衛庁長官（本章第三節を除き、以下「長官」という。）とし、国務大臣をもって充てる」と規定しており、この点に関する限り、保安庁法と庁設置法との違いは、「保安」と「防衛」との違いにすぎない）。

加えて、「第四章　行動及び権限　第一節　行動」の冒頭の条文で、「命令出動」につき定める保安庁法六一条一項には「内閣総理大臣は、非常事態に際して、治安の維持のため特に必要があると認める場合には、保安隊又は警備隊の全部又は一部の出動を命ずることができる」とあり、「命令による治安出動」につき定める現行隊法七八条一項を彷彿《ほうふつ》させる。寸評の域を出ないが、現行防衛二法、すなわち庁設置法および隊法の原型（基盤）は保安庁法段階で出来上がっていた、という感がしてならない。

では、自衛隊の任務はどうか。それは隊法三条に定めるところで、次のとおりである。

「自衛隊は、わが国の平和と独立を守り、国の安全を保つため、直接侵略及び間接侵略に対しわが国を防衛することを主たる任務とし、必要に応じ、公共の秩序の維持に当たるものとする。」

まさに、自衛隊にあっては対外的防衛がその主たる任務（直接侵略には防衛出動（隊法七六条）で対処し、間接侵略には命令による治安出動（同七八条）で対処する）であり、従たる任務として「公共の秩序の維持」が規定されているわけで、「公共の安全と秩序の維持」（警察法二条）をその主たる任務とする警察とは際だった対照をみせている。加えて、警察予備隊、保安隊の設置目的・任務（「わが国の平和と秩序を維持」）と比べても、自衛隊の任務（「わが国の平和と独立を守り、国の安全を保つ」）における対外性の程度は相当高いといわなければならない。

(二)　防衛庁と自衛隊

ところで、防衛庁と自衛隊との関係であるが、それはどのようなものなのであろうか。ここで、簡単に一瞥しておこう。その関係は、防衛庁編『平成一三年版　防衛白書』によれば、次のように説かれている。

「防衛庁と自衛隊は、共に同一の防衛行政組織である。防衛庁といった場合には、各自衛隊を管理・運営することなどを任務とする行政組織の面をとらえているのに対し、自衛隊といった場合には、わが国の防衛などを任務とする、部隊行動を行う実力組織の面をとらえている。」（一三九頁）

この度の中央省庁改編に伴い、防衛庁がこれまでの総理府の外局から内閣府の外局（内閣府設置法（平成一一・七・一六　法律八九）四九条三項）となった点はひとまず措き、白書の説明にもかかわらず、防衛庁と自衛隊との間にはやはり法文上微妙な違いが存在することを否定できない。というのも、「定義」を規定する隊法二条は次のように定めているからである。

「この法律において『自衛隊』とは、防衛庁長官（以下『長官』という。）、防衛庁副長官（内閣府設置法五九条一項―小針）及び防衛庁長官政務官（内閣府設置法六〇条一項―小針）並びに防衛庁の事務次官及び防衛参事官並びに防衛庁本庁の内部部局、防衛大学校、防衛医科大学校、統合幕僚会議、技術研究本部、契約本部その他の機関（政令で定める合議制の機関を除く。）並びに陸上自衛隊、海上自衛隊及び航空自衛隊並びに防衛施設庁（政令で定める合議制の機関並びに防衛庁設置法（昭和二十九年法律第百六十四号）第五条第二十四号又は第二十五号に掲げる事務をつかさどる部局及び職で政令で定めるものを除く。）を含むものとする。」

この規定を受け、隊法施行令（昭和二九・六・三〇政令一七九）は「自衛隊から除かれる機関等」につき次のように定めている。

「一条　自衛隊法（以下『法』という。）第二条第一項に規定する政令で定める防衛庁本庁の合議制の機関は、防衛人事審議会、自衛隊員倫理審査会、防衛調達審議会及び防衛施設中央審議会とする。

二　法第二条第一項に規定する政令で定める防衛施設庁の合議制の機関は、防衛施設審議会とする。

三　法第二条第一項に規定する政令で定める部局及び職は、防衛施設庁の労務部とする。」

このように、法文上、両者には看過できない違いが存在するといわなければならないが、これ以上に注目すべきは、両組織の性格的相違であろう。そこには、「防衛庁といった場合には、行政組織の面をとらえているのに対し、自衛隊といった場合には、実力組織の面をとらえている」というような、両者の同一性を前提にした通り一遍の説明では語り尽くせない何かがあるように思われる。

この点につき、極めて参考となるのが、元防衛事務次官の加藤陽三氏の以下のような防衛二法の説明である。

「防衛庁の業務の実体をなすものは、（中略）、わが国の防衛という実施部隊の実力行動を中心とするものであるから、その任務、組織及び権限等において他の一般行政官庁とは相当異なるものである。そこで、防衛庁といった場合は他の行政官庁と同じように、いわばその作用の静的な面からみた国家行政組織法上の行政機関としてこれを把握した観念であるが、これをわが国の防衛のための行動というような場合について実体的に、いわば動的な面から把握して考えると、どうしても防衛に当たる実力部隊という性格に適合する観念が必要となってくる。これが自衛隊という観念である。」（加藤陽三「防衛二法概説」防衛法研究創刊号六九頁）

要するに、防衛庁という静的な観念では「どうしても防衛に当たる実力部隊という性格に適合する観念」、すなわち動的な観念を表現できないということであり、ここに、「実力部隊」を意味する自衛隊という観念の必要性・独自性があるといわなければならない。加えて、防衛庁の業務の実体をなし、他の一般行政官庁と相当異なるものとされる、その「任務、組織及び権限等」とは、具体的に何を意味するのであろうか。それこそ、自衛隊がまさしく部隊行動、すなわち行動の核として対外的実力行使（戦闘行為）をその主たる任務とする実力組織であることと密接にかかわるものだといえよう。

Ⅱ　芦田修正の謎——速記録から見た芦田修正

㈠　はじめに

警察予備隊・海上警備隊から自衛隊へ至る展開はおおよそ前述のようなものであったが、現行憲法の制憲議会において看過できないのは、一般に「芦田修正」と呼ばれるものである。この点に簡単にふれながら、憲法制定過程の視点から自衛隊成立前史を瞥見《べっけん》する。

憲法施行七年を経た昭和二九年には防衛二法、すなわち防衛庁設置法および自衛隊法が制定・施行され、今日に及んでいる。爾来、自衛隊違憲論が五〇年弱の間唱え続けられ、未だ明快な形での決着はみていない。

ところで、この問題を考えるにあたっては、佐藤功教授もいうように「この憲法の制定過程をあらためて考えることが求められている」（佐藤達夫・佐藤功補訂『日本国憲法成立史第四巻』一〇三五頁（有斐閣、平成六）。以下、「成立史」という）ように思われる。憲法制定過程という原点に立ち返って、九条をめぐる解釈問題を今一度考えてみることが必要であろう。

周知のように、自衛隊合憲論の有力な論拠とされるのが、問題の「芦田修正」である。論者によれば、「現行憲法を前提として、合憲論を展開するとして、それなりに説得性をもつ論理は、筆者のみるところ二種類しかない。一つは、芦田修正にのっとった解釈であり、他は、憲法九条の法規範性を無意味化する議論である」（加藤雅信「第二章　戦争の放棄」『時の法令』一三七五号五八～五九頁）とされ、自衛隊合憲論にとって芦田修正のもつ意味はまことに大きい。加藤教授からすれば、九条の法規範性を無意味なものとしない「唯一」の論理が、「芦田修正にのっとった解釈」ということになる。

では、この芦田修正とはいかなるものか。佐藤功教授によれば、「憲法制定議会（第九〇回帝国議会）の衆議院において、憲法改正案委員会およびその小委員会の委員長であった芦田均氏の主唱によって成立した修正をいう」とされる（同「憲法第九条の成立過程における『芦田修正』について――その事実と解釈」『東海法学』一号二頁。傍線――小針）。すなわち、九条二項冒頭に「前項の目的を達するため」という文言が芦田修正により挿入された結果、前項に定められている目的以外のためであれば戦力の保持が認められる、との解釈に道が開かれたということである（現行憲法九条一項の「正義と秩序を基調とする国際平和を誠実に希求し」という挿入部分も合わせて芦田修正と語られるが、戦力保持問題に関する限り、重要性を有するのはなんといっても二項の冒頭の句の方である）。事実、この修正に対する総司令部の反応もそうであったし、「極東委員会」内の第三委員会（憲法および法制改革委員会）も同様で、佐藤達夫・前掲成立史によれば、「当委員会は、草案第九条第二項が衆議院で修正され、日本語の案文は、いまや第一項で定められた目的以外の目的であれば、軍隊の保持が認められると日本人によって解釈されうるようになったことに気づいた」（佐藤・前掲成立史九二八頁）と伝えられている。そのため、例の「シヴィリアン」条項挿入の再度の申し入れがなされるに至ったことはいうまでもない。このように芦田修正のもつ意味は極めて重要なのであるが、それだけに芦田均氏「主唱」の芦田修正なるものが一体いかなるものであり、果たして世上で語られているようなものなのか、という点につき、より慎重かつ入念に考察する必要がある。

さて、あたかも世人にとり「自明の理」のように思われている「芦田修正」に対し著者が疑問を抱くに至った大きな契機は、平成七年九月衆栄会により発行された『第九十回帝国議会衆議院　帝国憲法改正案委員小委員会速記録』（旧字体は新字体に改めた。以下、「速記録」という）であった。同速記録は、その「まえがき」にも記されているように、昭和二一年七月二五日から八月二〇日までの間、一三回にわたり秘密会で開かれた、帝国憲法改正案委員小委員会の速記録を原文に忠実に収録したものである（したがって、カタカナ旧字体である）。この速記録は昭和三一年五月一〇日の衆議院議院運営委員会決定によって国会議員に限り閲覧が許可され、それ以外には特例として憲法調査会委員に閲覧が許可されたのみであった。実は、速記録公開問題はかねて衆議院議会制度協議会等でも協議検討され、平成七年六月一六日の衆議院議院運営委員会において、帝国議会時代の衆議院秘密会議事速記録（懲罰事犯の件を除く）の公開が決定されたものである。およそ、半世紀ぶりにようやく小委員会の速記録はその姿を現したわけである。まさに、この速記録発行（公刊）によって、「芦田修正」成立過程の全体像がほぼ明らかになったといえよう。

㈡　九条の成立過程――政府提出憲法改正案から「芦田修正」（現行九条）まで

政府提出の憲法改正案から現行憲法へ至る九条の制定過程を眺めれば、次に掲げる通りである（旧字体は新字体に改めた）。

一、「政府提出憲法改正案」

第二章　戦争の抛棄

第九条　国の主権の発動たる戦争と、武力による威嚇又は武力の行使は、他国との間の紛争の解決の手段としては、永久にこれを抛棄する。

陸海空軍その他の戦力は、これを保持してはならない。国の交戦権は、これを認めない。

（英文）

CHAPTER 2

RENUNCIATION OF WAR

ArticleIX.　War, as a sovereign right of the nation, and the threat or use of force, is forever renounced as a means of settling disputes with other nations.

The maintenance of land, sea, and air forces, as well as other war potential, will never be authorized. The right of belligerency of the state will not be recognized.

二、昭和二一年七月二九日（月曜日）午前一〇時四五分開議第四回小委員会　速記録八三頁以下
芦田委員長は今朝来早く此の席に来られた委員諸君と相談した結果の修正案として、以下の案を示した。この案において、初めて九条「一項」、「二項」の順序変更がなされた。

「日本国民は、正義と秩序とを基調とする国際平和を誠実に希求し、陸海空軍その他の戦力を保持せず。国の交戦権を否認することを声明す。」ト第一項ニ書イテ、ソレカラ現在ノ第一項ヲ第二項ニ持ツテ来テ「前掲の目的を達するため、」、サウシテ第一項ノ「国権の発動たる戦争」云々ト斯ウ云フヤウニシタラドウカト云フ試案ナノデス（速記録八五頁）。

これを条文の形で表すと以下のようになろう。

第二章　戦争の放棄
第九条　日本国民は、正義と秩序とを基調とする国際平和を誠実に希求し、陸海空軍その他の戦力を保持せず。国の交戦権を否認することを声明す。
前掲の目的を達するため、国権の発動たる戦争と、武力による威嚇又は武力の行使は、国際紛争を解決する手段としては、永久にこれを放棄する。

三、昭和二一年七月三〇日（火）午前一〇時二八分開議第五回小委員会　速記録一一九頁以下（一四一頁）

第二章　戦争の放棄
第九条　日本国民は正義と秩序とを基調とする国際平和を誠実に希求し、陸海空軍その他の戦力は、これを保持せず、国の交戦権は、これを否認することを宣言する。
前掲の目的を達する為め、国権の発動たる戦争と、武力による威嚇又は武力の行使は、国際紛争を解

決する手段としては、永久にこれを放棄する。
実は、この案こそ、芦田委員長が最後まで固執し続けた修正案であった。
四、昭和二一年八月一日（木）午前一〇時一七分開議第七回小委員会　速記録一八三頁以下（一九四頁）。
小委員会修正案（世にいう「芦田修正」で、芦田委員長は「進歩党ノ案」と呼んだ（一九四頁）。これが現行九条として確定する）

第二章　戦争の放棄

第九条　日本国民は、正義と秩序を基調とする国際平和を誠実に希求し、国権の発動たる戦争と、武力による威嚇又は武力の行使は、国際紛争を解決する手段としては、永久にこれを放棄する。
前項の目的を達するため、陸海空軍その他の戦力は、これを保持しない。国の交戦権は、これを認めない。

これが、世上、いわゆる「芦田修正」と呼ばれるもので、芦田委員長は最後まで項の順序変更にこだわったものの、他の委員にせかされ、押し切られた案である。のちにふれるように、とても「芦田均氏の主唱（岩波『広辞苑』第五版によれば、「主唱」とは「主となって唱える」ことの意―小針）によって成立した修正」と呼べるものではない。その名にふさわしいのは、むしろ三の案であろう。
そもそも、政府提出の憲法改正案九条の項の順序変更に固執し、「陸海空軍その他の戦力は、これを保持せず」とする限り、もはや戦力不保持に限定留保は語り得ない。加えて、どうみても「日本国民は正義と秩序とを基調とする国際平和を誠実に希求し」からは、ある目的のための戦力保持は可能だという解釈はとり難い。芦田委員長が押し切られ、不承不承認めるに至った四の修正案であればこそ、「前項の目的を達するため」の目的の解しようにより、戦力不保持にある種の限定留保が認められるか否かが有意義に問われることになる。すなわち、一項の戦争等の放棄は留保付きのものであり、自衛活動まで放棄しているわけではないから、「前項の目的を達するため」というのは、その留保を「戦力」の不保持について及ぼす趣旨であり、とすれば自衛のために必要な範囲内での「戦力」を保持することは違憲でなくなる（参照、小嶋和司・大石眞『憲法概観』六二頁（有斐閣、第六版、平成一三））。三の修正案を芦田均氏主唱による修正と解し、その意味で「芦田修正」とするならば、かかる修正はおよそ自衛隊合憲論の論拠とはなりえない。これが、著者の率直な受け止め方である。したがって、芦田修正なるものの正体を見極めることが著者にとって極めて興味深いテーマとなったわけである。「芦田修正の謎」と題して本節をものするのもこのような事情からである。以下、小委員会の審議過程を素描し、表題につき考察をくわえることにしよう（ただし、マッカーサー草案の下においても自衛権および自衛権に基づく戦争は何ら否定されていないとの解釈が総司令部の解釈となっていたのであった、との佐藤功教授の指摘がある（佐藤・前掲論文三九頁）。けれども、自衛用戦力に直接ふれるところはない。自明の理ということなのであろうか）。

(三)　項の順序変更

前述したように、政府提出の憲法改正案九条「一項」、「二項」の順序変更が初めてなされたのは、昭和二一年七月二九日（月曜日）午前一〇時四五分に開かれた第四回小委員会においてであった（速記録八三頁以下）。またこの時、漢字制限を考慮して「抛」棄が「放」棄に改められた。この順序変更の論理は芦田委員長の以下の説明に見事に表現されている（これは、鈴木委員の「交戦権ト戦力ノ保持ヲ先ニシテ、戦争ノ抛棄ヲ後ニスルノモ考ヘル余地ガアリハセヌカト思フノデスガネ」（速記録九〇頁）という問いへの回答である）。

ソレハ極ク簡単ナ考ヘ方デ斯ウ云フ風ニシタノデス、ソレハ交戦権ヲ否認スルト云フコトハ、先ヅ戦争ヲヤラナイト云フコトノ前提デセウ、ソレダカラ初メノ原文ノ書キ方ガヲカシイ、戦争ハモウヤリマセヌト言ツテ置イテ、一番最後ニ交戦権ハ行使シマセヌト言ツテ居ル、交戦権ヲ棄テルカラ戦争ヲヤラナクナル、ソレダカラ寧ロ交戦権ヲ否認スルト云フコトノ方ガ先ニ行ク、ソレカラ陸海空軍ト云フモノガアルカラ戦争ノ手段ニナルノダガ、ダカラ軍備ハ持タナイ、交戦権ハ認メマセヌト言ツテ、然ル後ニモウ国際紛争ノ解決手段トシテ戦争ハシマセヌ、斯ウ云フコトガ思想的ニハ順序ダト思フ（九〇頁）

この回答を読む限り、誠に論旨明快で、佐藤功教授もいうように「『交戦権』を『戦争を行なう権利』の意味に解したものであり、それを前提とする限り、法律論的にはきわめて論理的であるといえよう」（佐藤・前掲論文二二頁）。ちなみに、「戦力」という視点でみれば、「陸海空軍があるから戦争の手段になる」、だから「軍備は持たない」という論理であって、ここには戦力不保持につき、およそ限定留保的ニュアンスは認められない。その意味で、芦田委員長が最後まで固執した項の順序変更はまさに「極ク簡単ナ考ヘ方」に依拠するといえよう。

九条成立という大きな文脈の中で、この項の順序変更がいかなる意味をもつかはにわかに即断できないが、その重みは決して軽いものではない。こう評価しても、それは「木、否《いな》枝を見て森を見ざるが如し」という批判は受けまいと思う。

さて、このようなこだわりを抱きながら、どのような審議過程を経て、項の順序が元に戻り、現行九条として確定するに至ったのか、この点につき次にふれることにする。

(四)　項の順序の戻りと現行九条の確定

項の順序が元に戻り、現行九条となる成案を得たのは、昭和二一年八月一日（木）午前一〇時一七分に開かれた第七回小委員会における長い遣《や》り取りの果てにであった（速記録一八三頁以下）。

鈴木（義）委員から（項の）順序変更につき、非常に心配であり、原案の方が良い旨の見解が示され（「ドウモ交戦権ヲ先ニ持ツテ来テ、陸海空軍ノ戦力ヲ保持セズト云フノデハ、原案ノ方ガ宜イヤウニ思フノデス」一九〇頁）、結局項の順序に関する限り原案に戻して決着をみた。この第七回小委員会の修正案が現行憲法九条となったのである。以下、芦田委員長と他の委員との遣り取りを速記録に拠りながら可能な限り再現してみる。

○芦田委員長（順序変更は其の人の趣味だとして）　私ノ趣味ガ一体交戦権ハ之ヲ認メナイト言フカラ、戦争ヲ抛棄スルト云フ結果ガ出テ来ルノダ、戦争ヲ先ヅ抛棄スルト言ツタ其ノ後デ、交戦権ハ之ヲ認メナイト言フコトハ、ドウモ順序ヲ得テナイ、ソレダカラ初メニ交戦権ハ認メナイト言ツテ置イテ、国際紛争ヲ解決スル為ノ戦争ハ之ヲ抛棄スル、斯ウ云フコトガ原則カラ出テ来ル結果ナンダカラ、ソレデ後ニ書イタ方ガ宜イ、斯ウ云フ風ニ私ハ感ジタノデス

○鈴木（義）委員　或ル国際法学者モ、交戦権ヲ前ニ持ツテ来ル方ガ、自衛権ト云フモノヲ捨テナイト云フコトニナルノデ宜イノダト云フコトヲ説明シテ居リマシタ、（中略）何カ先達テ金森国務大臣ハ、戦争ノ方ハ永久ニ之ヲ抛棄スル……

○犬養委員　是ハ一寸法制局ニ伺ヒマスガ、第九条ノ第一項ハ今一寸鈴木君ガ触レラレマシタガ、是ハ永久不動、第二項ハ多少ノ変動ガアルト云フ、何カ含ミガアルヤウニ、一寸此ノ間国務大臣ノ御発言ガア

ツタノデスガ、サウ云フ含ミガアリマスカ
○佐藤（達）政府委員　正面カラサウ云フ含ミガアルト云フコトヲ申上ゲルコトハ出来ナイト思ヒマスガ、唯気持ヲ分リ易ク諒解シテ戴ケルヤウニ、金森国務大臣ハアア云フ言葉ヲ御使ヒニナツタノダラウト思ヒマス
○犬養委員　随テ此ノ順序ハ無意味デナクテ、相当意味ガアル……
○佐藤（達）政府委員　意味ガアルト云フコトヲ申シタイ為ニアア云フ表現ヲ使ハレタト思ヒマス（一九〇頁）

これまでのところ、上で展開された芦田委員長の論理に変化はみられない。項の順序変更への疑問は、金森国務大臣の発言（この金森発言は、昭和二一年七月三〇日（火）午前一〇時二八分に開かれた第五回委員会（速記録一一九頁以下）におけるものである）、すなわち一項は永久不動、二項は多少の変動がある、というところに起因しているように思われる。この点を鋭く突いたのが犬養委員であった（速記録一九〇頁）。

しかし、再三いうように項の順序変更には、芦田委員長は強い執着心を示し、以下のようにいう。

○芦田委員長　原文ノ儘ニ第二項ニ置イテ、サウシテ文句ヲ変ヘルト、関係筋デ誤解ヲ招クノデハナイカ、独立ノ条項トシテ置ク限リハ「これを保持してはならない」、「これを認めない」ト云フ風ニシナイト、ドウモ却テ修正スルコトガ藪蛇《やぶへび》ニナルノダカラ、ソコデドウシテモ日本ハ国際平和ト云フコトヲ誠実ニ今望ンデ居ルノダ、ソレダカラ陸海軍ハ持タナイノダ、国ノ交戦権モ認メナイノダ、斯ウ云フ形容詞ヲ附ケテ「戦力を保持せず」ト言フコトノ方ガ、其ノ方面ノ交渉ノ時ニハ説明ガシ易イノデハナイカ、此ノ儘ニ置イテ此ノ第二項ノ英文ヲ書換ヘルト云フコトハ相当困難ヂヤナイカ、斯ウ云フ理由モアツテ、ソレデ之ヲ一定ノ平和機構ヲ熱望スルト云フ機構ノ中デ之ヲ解決シテ行ク、斯ウ云フ風ニ実ハ考ヘタノデス

この場合、項の順序変更理由はこれまでとはやや趣を異にし、政府原案（憲法改正案）二項をそのままにして右のように自律的な表現に変更し（例えば「保持してはならない」を「保持せず」と改める）、英文まで書き換えるのは相当困難というものである。ここでは、邦文・英文変更と項の順序変更とが密接に結び付けられているが、この結合関係に対し以下のような疑問が提起されるのもあながち不当なことではあるまい。

○犬養委員　今言ハレタ国際平和ヲ誠実ニ希求スルト云フ前文ハ、順序ヲ変ヘテモ入レテハイケナイノデスカ（ここにいう「順序ヲ変ヘテ」とは政府原案の順序に戻す意と解される――小針）

○犬養委員（積極的に何かを入れたいとして）最初ニ委員長ガ言ハレタ文章ハ非常ニ良イ文章ダ、ソレヲ第一項ニ入レテ順序ハ原文通リニシタラ、何処カ差支ヘノアル所ガ起リサウデセウカ

○芦田委員長　結局私ノ考ヘハ、第二項ヲドウ云フ風ニシテ書換ヘルカト云フコトガ一ツト、ソレカラ日本ガ国際平和ヲ望ムト云フコトヲ入レタイト云フコトモ一ツデ、其ノ為ニハ斯ウ云フ風ニシテ原文ヲ第一項ト第二項トヲ変ヘテ、ソシテ戦力ノ問題、交戦権ノ問題ヲ形容詞ノ下ニ包含サセルナラバ、是ハヤッテ見ナケレバ分ラナイガ、其ノ方ガドウモ説明ガ楽ニ行クヤウニ思フ（一九二頁）

しかし「日本ガ国際平和ヲ望ム」という積極的意思表示を挿入することと項の順序変更とがいかなる論理必然的関係にあるのか、そして「説明ガ楽ニ行ク」というのはどういうことなのか、これまた釈然としない。結局、この問題は項の順序変更に対する芦田委員長のこだわりの根源は何かに帰着する。

なお、金森国務大臣の一項・二項の位置付けに対する芦田委員長の見解は吉田委員の質疑への次の回答に示されている。すなわち、

「（二項の変動性について）ソレハ憲法ノ書キ方デ決マルノデハナクテ、今後ノ日本ノ民主化ノ程度、国際情勢デ決マルノダカラ、私ハ此処（政府原案では一項、修正案では二項――小針）ニ『永久』トアルカラ、

何カアルト云フヤウナコトハ、形ノ上ノ問題トシテハ非常ニ重要ダガ、実際問題トシテハサウ大シタ変リハナイト思フ」（一九一頁）

というものである。

これ以降も、芦田委員長と他の委員との間で項の順序変更をめぐる攻防が延々と続く。芦田委員長は「人の趣味の問題」・「他律性の排除、自律性の確保」を盾にあくまでも自説を押し通そうとし、あげくの果てに「サウ神経過敏ニ考ヘナクテモ」という他の委員の発言まで飛び出す始末であった。

「日本国民は、正義と秩序を基調とする国際平和を誠実に希求し」という積極的意思表示および自律性の確保と項の順序変更との関係については、以下のようになる。

○原（夫）委員　委員長ノ修正案ノ「日本国民は、正義と秩序を基調とする国際平和を誠実に希求し」ソコマデ取ツテ、サウシテ前文ニ続ケル、ソレ位ノ所デハドウデセウカ

○芦田委員長　サウスルト原案通リニナルノデスネ

○鈴木（義）委員　原案ノ前ニ「日本国民は、正義と秩序を基調とする国際平和を誠実に希求し」、ソレカラ「国の主権の発動たる戦争」、斯ウ云フ風ニ続ケテ、ヤハリ一項、二項ト云フコトヲ原案ノ儘ニ残シテ置イテ宜イ（一九一頁）

○芦田委員長　（二項を変更しないことに対して）是ハ人ノ趣味ノ問題ダガ、之ヲ読ンデ、陸海空ノ戦力ハ之ヲ保持シテハナラナイト云フト、何ダカ日本国民全体ガ他力デ押ヘ付ケラレルヤウナ感ジヲ受ケルノデスネ、自分デ……

○大島（多）委員　ソコノ第二項ノ所ヲ斯ウ云フ風ニ修正シタラドウデセウカ、「陸海空軍その他の戦力の保持及び国の交戦権はこれを認めない」……

○芦田委員長　（英文「ウィル・ネヴァ・ビー・オーソライズド」に極めて強くこだわり）ダカラソレダケヲ独立シテ、サウ云フ風ニ直スコトガ果シテ関係方面ト簡単ニ旨ク行クカドウカ
○鈴木（義）委員　国家機関ガ、将来ノ政府ハ陸海空軍ヲ設置シテハナラナイト云フコトヲ命令シテ居ルンデスカラ、差支ヘナイト思ヒマス
○芦田委員長　ダカラ初メ申上ゲタヤウニ、是ハ趣味ノ問題ダガ、我々ノ趣味デハ、其ノ他ノ戦力ハ之ヲ保持シテハナラナイト云フヤウナ言葉ヲ読マサレルコトガ何ダカ……（一九二頁）

芦田委員長の「趣味の問題」もさることながら、政府原案二項の「保持してはならない」を「保持せず」という自発的表現に変更するために何故かくも項の順序変更にこだわるのか、著者には理解できない。なるほど英文では「ウィル・ネヴァ・ビー・オーソライズド」となっており、邦文を「保持せず」と改めれば英文の方も変更せざるを得なくなることは分かる（芦田委員長自身、あまり良い翻訳ではないがと断りながら、「ナット・メーンテン・ザ・ランド・シー・エンド・エア・フォーシズ」という英文を提示している（一九二頁））。しかし、一体、この程度の英文変更が関係方面、すなわち総司令部（ＧＨＱ）に受け入れられないものだったのであろうか。当時の事情を勘案しても、疑問という外はない。してみると、鈴木委員の「サウ神経過敏ニ考ヘナクテモ宜イト思フ」（速記録一九二頁）という発言はそれ相応の理由があったように思われる。

さらに、芦田委員長は「保持せず」と修正するには一応の理屈が必要だとして、以下のようにいう。
○芦田委員長　唯簡単ニ之ヲ保持セズト云フ風ニ修正スル為ニハ、何カ一応ノ理屈ヲ述ベナクテハナラナイ、ナゼ斯ウ変ヘルカ、ソレニハヤハリ前文ノヤウナ形容詞ヲ付ケテ、「日本国民は誠実に平和を希求するが故に戦力を保持せず、交戦権を否認する」斯ウ云フコトガアツタ方ガ、修正ノ場合ニ幾分カ楽ニ行クンデハナイカ（速記録一九二頁）

この主張に対しては「日本国民は誠実に平和を希求するが故に戦争等を永久に放棄する」という考え方も十分成り立つ。まさに、原委員の以下の発言はこのような立場に立ってのものであった。

○原（夫）委員　（政府原案の）第一項ノ戦争抛棄ノ頭ニ今言ツタ如ク「国際平和を誠実に希求し、国の主権の発動たる」ト言ヘバ、国際平和ヲ希念シタ国民ガ正義ト秩序ヲ基トシタノダト言フコトダケデモ、茲ニ冠ガ掛カルト非常ニ文章ノ工合モ宜シ、観念上カラモ非常ニ宜イノヂヤナイカト思フ（一九三頁）

このような審議状況を踏まえ芦田委員長は案件先送りも主張したが、鈴木委員に制せられ、結論の取りまとめを余儀なくされた。この取りまとめの口火を切ったのは、犬養委員であった。

○犬養委員　委員長ノ仰シヤツタ前掲ノ目的ヲ達スル為メト云フコトヲ入レテ、一項、二項ノ仕組ハ其ノ儘ニシテ、原委員ノ言ハレタヤウニ冒頭ニ日本国民ハ正義云々ト云フ字ヲ入レタラドウカトモ思フノデスガ、ソレデ何カ差障リガ起リマスカ（一九三頁）

○芦田委員長　前項ノト云フノハ、実ハ双方トモニ国際平和ト云フコトヲ念願シテ居ルト云フコトヲ書キタイケレドモ、重複スルヤウナ嫌ヒガアルカラ、前項ノ目的ヲ達スル為メト書イタノデ、詰リ両方共ニ日本国民ノ平和的希求ノ念慮カラ出テ居ルノダ、斯ウ云フ風ニ持ツテ行クニ過ギナカツタ（一九四頁）

前項の目的はあくまでも「日本国民ノ平和的希求ノ念慮」から出ている、との指摘は誠に重要である。そこには、戦力不保持につき限定留保を語る余地はないからである。

ところで、以下に示す二人の委員の発言はいずれも芦田委員長の意向をも汲んでなされたものであった。

○吉田（安）委員　ソコデ、正義ト秩序ヲ基調トスル国際平和ヲ希求シテ、此ノ希求ノ目的ヲ達成スル為メ、陸海空軍其ノ他ノ戦力ハ之ヲ保持シテハナラナイ、「これを保持せず」、斯ウシタラ「保持せず」ト直シテモ目的ガ謳ツテアルカラ、委員長ノ御苦心ガ生キル、委員長ト意見ノ違フ所ハ、一項ト二項ハ原文ノ儘デ、自発的ナ精神ヲ生カシテ……

○廿日出委員　委員長ノ御心配ニナツテ居ル二項ノ所謂他動的ナ文句、何ダカ属国デデモアルヤウニ国民ニ映ル卑屈ナ気持、之ヲ完全ニ除キサヘスレバ、私ハ此ノ第九条ハ解決スベキ問題ヂヤナイカト思フ（速記録一九四頁）

このような論議を経て、進歩党案という形で「小委員会修正案」（世上、「芦田修正」と呼ばれている）がまとまった。それが、確定して現行九条となる。

そのいうところの「原案ヲ忠実ニ作ル」の原案が何を指すか問題になるが、江藤委員の感想は「私等ハサウ抑ヘ付ケラレタト云フヤウナ感ジヲ殊更持タナイノデスケレドモ」（速記録一九四頁）というものであった。しかし、芦田委員長の受け止め方は実に複雑で、以下のとおりである。

○芦田委員長　ソコハ非常ニ意見ガアル所デアリマシテ、感情ト言フカ、趣味ノ問題デ、勿論是デ何デモナイ人モ沢山アルニ違ヒナイ、又之ヲ見ル度ニ始終口惜シイ気持ノスル人モアルノダカラ、是ハモウ百人百様ノ印象ヲ受ケルノデ、決シテ其ノ感情ヲ強ヒヨウト云フ趣意デハナイノデスガ、併シ相当ニ神経ヲ起ス人ガアルトスレバ、神経ノ起ラナイヤウナモノニ直スコトガ出來ナイカト云フ問題ニ過ギヌノデス（速記録一九四頁）

この批評が政府原案それ自体になされたものか、小委員会修正案（世にいう「芦田修正」）に対するものか、微妙なところもあるが、項の順序変更はならなかったものの、芦田委員長が主張してやまなかった積極性・自律性は少なくともこの修正案には盛り込まれた。だが、それでも不満足であった。けれども、項の順序変更に固執していたならば、かえって戦力不保持の限定留保的な解釈が極めて困難になったのであって、そのことをも考え併せると、むしろ修正案は芦田委員長にとり「渡りに船」であり、「思う壷」であったとすら思われる（もちろん、芦田委員長が初めから戦力不保持の限定留保的な解釈を意図していればではあるが）。それにもかかわらず、あえてそれを承知の上で本心を覗かせることなく項の順序変更にあくまでこだわり続けたとするならば、それは巧みな演技であり一種の高等戦術というべきであろう。ところが、著者にはどうみてもそのようには読み取れないのである。いみじくも芦田委員長がいうように、「始終口惜シイ気持ノスル人」、「相当ニ神経ヲ起ス人」とは委員長自身ではなかったのか。とすれば、上記引用文は彼の独白だったということになろう。皮肉なことに、彼の執拗な抵抗を封じて小委員会においてようやく取りまとめられた修正案こそ、のちに「芦田修正」と呼ばれるものであった。だが、それは芦田委員長の「主唱」なる修正とはほど遠いものであったといわざるを得ない。これは、以上の審議から明らかである。

芦田委員長の本心は今なお謎のままである。ただ、小委員会の審議に関する限り、戦力不保持の限定留保的な解釈に道を開けるべく小委員会修正案を芦田委員長が主導的に取りまとめたとは解しがたい。これが、著者の小委員会修正（案）、すなわち世にいう「芦田修正」理解である。

なお、進藤栄一・下川辺元春編纂・『芦田均日記』全七巻（岩波書店）中の第一巻は昭和六一年に公刊され、それは昭和一九年九月二九日から昭和二二年五月三一日までの期間を扱っているが、昭和二一年六月二五日（七月一七日記）から八月一〇日までは空白となっており（なお、佐藤・前掲論文一三頁参照）、小委員会開会期間についてはほとんど記載が見られない。したがって、「芦田修正」につき直接うかがい知る手掛かりは得られないということになる。

(五)「芦田修正」の整理

繰り返しになるが、今ここで「芦田修正」を整理しておく。

第一に、以下の案は芦田氏が小委員会に提案し最後まで固執した案で、芦田氏「主唱」の修正という意味ではこれこそが著者からすれば「芦田修正」の名にふさわしいものであると考えられる。ただ、この案では項の順序変更がみられ、そのため「前掲の目的を達する為め」という二項冒頭の文言は「戦力」にはかからない。戦力は一項の規定するところで、したがって「戦力」不保持に限定留保の余地はなくなってしまう。

第二章　戦争の放棄

第九条　日本国民は正義と秩序とを基調とする国際平和を誠実に希求し、陸海空軍その他の戦力は、これを保持せず、国の交戦権は、これを否認することを宣言する。

前掲の目的を達する為め、国権の発動たる戦争と、武力による威嚇又は武力の行使は、国際紛争を解決する手段としては、永久にこれを放棄する。

第二に、以下の案が世に「芦田修正」といわれるものであるが、第二節で述べたようにとても芦田氏の「主唱」になるものとは呼べない案で、著者はむしろ「小委員会修正」とでも呼ぶ方が適切であると考えている。項の順序は審議の結果政府の憲法改正案に戻り、かくて戦力不保持に限定留保の可能性が「結果的」に生ずることとなった。

第二章　戦争の放棄

第九条　日本国民は、正義と秩序を基調とする国際平和を誠実に希求し、国権の発動たる戦争と、武力による威嚇又は武力の行使は、国際紛争を解決する手段としては、永久にこれを放棄する。

前項の目的を達するため、陸海空軍その他の戦力は、これを保持しない。国の交戦権は、これを認めない。

(六)　ま と め

速記録の公刊をみた今、そもそも芦田修正とは何であったのか、あるいは何であるのかにつき、著者が疑問を抱き始めたというところである。とりわけ、芦田氏「主唱」の修正ということになると一層疑問は増大する。いずれにせよ、芦田氏の深謀遠慮をひとまず措けば、小委員会の審議に限定する限り、戦力不保持に限定留保的含蓄をもたせることが芦田氏によって意図されたという事実は認め難い。これは、速記録によって十分立証できる事実である。これが、芦田修正が何であったのかという問いに対する著者なりの回答である。加えて、再三いうように、世上「芦田修正」と語られてきた修正は著者からすれば「小委員会修正」とでも呼ぶ方がふさわしいとすら考えられるものである。法解釈といえども、それが単なる政治的意欲願望の表明であってはならない以上、あまり「推測」や「推理」に基づくことは妥当でない。速記録公刊とともに、今まさに芦田修正の認識およびその解釈につき再考の必要が生じたといわなければならない。とすれば、説得力ある自衛隊合憲論の二つの論理のうち、その一つとして援用されるべきは世にいう「芦田修正」それ自体というよりもむしろその修正に対する総司令部側の反応、すなわち「解釈」の方であろう。今なお憲法学者をとらえて離さない「芦田修正」なるものは、実は総司令部側の反応を拠り所とした芦田修正の「読み」、すなわち「解釈」にほかならないのではなかろうか。

つまり、今日も問われ続けている芦田修正（著者のいう「小委員会修正」）とは何であるのかという問題は、その実、事実問題ではなく「芦田修正」の解釈問題であるというのが著者の到達した結論である。かくして、芦田修正はその事実・解釈も含め、相当議論の余地があるものと考える。このことは、前述のように項の順序が政府の憲法改正案に戻り、こうして戦力不保持に限定留保の可能性があくまでも「結果的」に生ずることとなったという事情を想起すれば分かりやすい。加藤雅信教授は既述のように自衛隊合憲論展開の説得性をもつ論理の一つとして「芦田修正にのっとった解釈」をあげているが、これまでの著者の考察からすると、少なくとも合憲論の確固不動の論拠としては疑義があるといわなければならない。

立場の違いがあろうとも、事実認識は客観的でなければならない。我田引水的法解釈は、法解釈に名を借りた一種の政治論にすぎない。このことを自戒の念を込めて付言しておきたい。著者がやや長々と小委員会の審議にふれたのも、恐れることなく事実を直視してもらいたいからにほかならない。

その意味では、最近刊行された西修編著『エレメンタリ　憲法』（成文堂、二〇〇一）の次の一節は大変興味深い。

「この中間案（昭和二一年七月二九日の案―小針）では、どのように解釈しても自衛戦力の保持を認めることは不可能であることから、中間案の採用に最後まで熱心であった芦田の意図が、最初から自衛軍保持を可能にすることにあったとは考え難い（「芦田修正と『文民条項』挿入の経緯」と題しながら―小針）。とはいえ、芦田の真意のいかんにかかわらず、結果として九条二項は、この修正により戦力不保持の目的を限定し、自衛戦力の保持を容認しうる文理解釈の余地を得ることになる。」（松浦一夫担当　四二頁）

第3章　自衛隊の働き

はじめに

平成一三年版『防衛白書』の伝えるところによれば、防衛庁サイドの現状認識はこうである。

「冷戦終結後、世界的な規模の武力紛争が生起する可能性は遠のいているものの、国際情勢は依然として不透明・不確実な要素をはらんでいる。これに対し、国際関係の一層の安定化を図るための様々な努力が継続されている」（同書七四頁）。

このような認識に立ちながらも、今なお堅持しているわが国の防衛政策とは次に掲げるものをいう（ここでは、一九五七（昭和三二）年五月に国防会議および閣議で決定された「国防の基本方針」に立ち入らない。この基本方針がわが国の防衛政策の根底をなすことは明らかである）。

一　専守防衛

二　軍事大国にならないこと

三　非核三原則の堅持

非核三原則とは、核兵器を持たず、作らず、持ち込ませずという原則を指し、わが国は国是としてこれを堅持している。

なお、核兵器の製造や保有は、原子力基本法の規定の上からも禁止されている（原子力基本法第二条――小針）。さらに、七六（昭和五一）年に批准した核兵器の不拡散に関する条約（NPT:Nuclear Non-Proliferation Treaty――小針）により、わが国は非核兵器国として、核兵器の製造や取得をしないなどの義務を負っている（七七頁）。

四　文民統制の確保

文民統制は、シビリアン・コントロールともいい、民主主義国家における軍事に対する政治優先又は軍事力に対する民主主義的な政治統制を指す（七七頁）。

（中略）（具体的には）まず、国民を代表する国会が、自衛官の定数、主要組織などを法律・予算の形で議決し、また、防衛出動などの承認を行う。

次に、国の防衛に関する事務は、一般行政事務として、内閣の行政権に完全に属しており、内閣を構成する内閣総理大臣その他の国務大臣は、憲法上文民でなければならないこととされている（七七〜七八頁）。内閣総理大臣は、内閣を代表して自衛隊に対する最高の指揮監督権を有しており、自衛隊の隊務を統括する防衛庁長官は、国務大臣をもって充てられる。また、内閣には、国防に関する重要事項などを審議する機関として安全保障会議が置かれている。

さらに、防衛庁では、防衛庁長官が自衛隊を管理し、運営するに当たり、副長官及び二人の長官政務官が政策及び企画について長官を助けることとされている。また、事務次官が長官を助け、事務を監督することとされているほか、基本的方針の策定について長官を補佐する防衛参事官が置かれている（七八頁）。さて、自衛隊の働きにつき、以下「国内」と「国外」とに分けて考察する。

Ⅰ　国内での働き

あくまでも国民の日常生活にとって何が身近な問題かという視点こそが本書の一貫した姿勢であるだけに、本節ではまず手始めに「災害出動」から考察をくわえる。

㈠　災害出動

災害出動が軍事的な性格を有するか否かについても議論なしとしないが、防衛出動と比べるならば、武力の行使が予定されていない以上、そのような性格ははるかに稀薄であろう。自衛隊の災害出動はその組織としての自己完結性に由来する。すなわち、自衛隊は、侵略事態などに即応するため、独自で建設、輸送、通信、医療、給食、給水、発電などを行う能力を有しており、この能力を災害出動時に活用するということである。

なお、ここにいう「災害出動」には、①災害派遣（隊法八三条）、②地震防災派遣（隊法八三条の二）、③原子力災害派遣（隊法八三条の三）の三者を含む（以下の事例は、『平成一三年版　防衛白書（以下「防衛白書」という）』一九四頁以下参照）。

① 災害派遣（隊法八三条）

事例（ケース）一　〈有珠山噴火〉　二〇〇〇（平成一二）年三月以降、有珠山の噴火に際しては、同月二九日の北海道知事からの災害派遣要請に基づき、七月下旬までの約四ヶ月にわたり、陸上自衛隊第七師団（司令部：北海道千歳市）を始めとする部隊などが避難に係る輸送支援、住民避難の支援、避難住民に対する生活支援、火山観測支援などの災害派遣活動を行った。海上自衛隊については、艦艇などを、航空自衛隊については、輸送機及び偵察機などを派遣した。

＊　期間を通しての派遣規模：延べ、人員約一〇万名、車両約三万七〇〇〇両、航空機約一〇〇〇機、艦船約一〇〇隻（前掲・防衛白書一九四～六頁。同白書から転記。以下同じ）。

事例（ケース）二　〈三宅島の火山活動〉　二〇〇〇（平成一二）年六月以降の三宅島の火山活動に際しては、各自衛隊は、六月二七日の東京都知事からの災害派遣要請などに基づき、避難住民に対する生活支援、航空偵察や艦船、航空機による人員・物資の輸送支援、泥流対策や降灰除去作業を行ったほか、全島住民の島外避難の続く中、防災活動にかかる人員・物資の輸送支援、航空機による火山ガスなどの観測支援、艦船の待機などを継続的に行っている。

＊　派遣の規模：本年（平成一三年）末現在、延べにして、人員約四万一三七〇名、車両約一九八〇両、航空機約三九〇機、艦船約三四〇隻（同白書一九五頁）。

事例（ケース）三　〈中部地方の集中豪雨〉　二〇〇〇（平成一二）年九月上旬の中部地方の集中豪雨では、愛知県、岐阜県及び長野県地方の各地で冠水、土砂崩れなどの被害が発生したため、同三県の知事からの災害派遣要請に基づき、九月一一日から二六日までの間、陸上自衛隊第一〇師団（司令部：愛知県名古屋市）を主体とし、偵察、輸送支援、住民の避難支援及び防水活動などの救援活動を行った。

＊　派遣の規模：延べ、人員約九九〇〇名、車両約一八〇〇両、航空機約一四〇機（同白書一九五頁）。

事例（ケース）四　〈ウラン加工工場（株）ジェー・シー・オーでの臨界事故〉　一九九九（平成一一）年九月三〇日午前一〇時半ごろ、茨城県東海村のウラン加工工場（株）ジェー・シー・オーで臨界事故が発生し、同社員三人が大量に被ばくしたほか、付近住民一五〇人以上が公民館などに避難した。

防衛庁では、同日の政府対策本部会議における内閣総理大臣の指示を受け、現地対策本部に連絡要員を派遣するとともに、茨城県知事の要請により陸上自衛隊第一〇一化学防護隊（埼玉県大宮市）の化学防護車、除染車などを事故現場に近い勝田駐屯地（茨城県ひたちなか市）に前進させるなど、直ちに必要な対応を行った。

＊　派遣の規模：延べ、人員約三六〇名、車両約一三〇両（平成一二年版一六〇頁、一六二頁）。

災害派遣には都道府県知事その他政令で定めるもの（隊法施行令一〇五条によれば、「海上保安庁長官」・「管区海上保安本部長」・「空港事務所長」）の要請によるものと要請によらないもの（八三条二項ただし書）との二つがある。

ⓘ　要請による災害派遣（事例一～四）：［要請者は都道府県知事等、要請される者は防衛庁長官又はその指定する者］　天災地変その他の災害に際して、人命又は財産の保護のため必要があると認める場合に、都道府県知事等の派遣要請があり、長官又はその指定する者（自衛隊の災害派遣に関する訓令三条によれば、一号の方面総監に始まり二四号の基地司令の職にある部隊等（隊法八条によれば、部隊等とは部隊及び機関であり、さらに同法二四条一項により機関とは学校、補給処、病院、地方連絡部を意味する）の長（航空総隊司令部、航空教育集団司令部、航空方面隊司令部、航空混成団司令部又は航空自衛隊補給本部の所在する基地の基地司令の職にある部隊等の長を除く。）まで二四の者が掲げられている）が、事態やむを得ないと認める場合には、部隊等を救援のため派遣することができる（同条二項）。これが、通常の災害派遣である。

ⓘⓘ　要請によらない災害派遣（自主派遣）：天災地変その他の災害に際し、その事態に照らし特に緊急を要し、

前項の要請を待ついとまがないと認められるとき、長官又はその指定する者は要請を待つことなしに部隊等を派遣することができる。

なお、前掲・防衛白書によれば、この自主派遣の実効性向上のため以下の施策が講じられた（一九一頁）。

即ち、一九九五（平成七）年一〇月に「防衛庁防災業務計画」を修正し、部隊などの長が自主派遣する基準を、「関係機関への情報提供のために情報収集を行う必要がある場合」、「都道府県知事などが要請を行うことができないと認められるときで直ちに救援の措置を採る必要がある場合」、「人命救助に関する救援活動の場合」など、と定めた

隊法八三条一項の要請手続は同条四項により政令で定めることとされているが、これを受け自衛隊法施行令（昭和二九年六月三〇日、政令一七九号）は一〇六条においてこの手続を規定している。それによれば、部隊等の派遣要請にあたっては、次の事項を明らかにするものとされている。

一　災害の状況及び派遣を要請する事由
二　派遣を希望する期間
三　派遣を希望する区域及び活動内容
四　その他参考となるべき事項

なお、（同条の準用規定により）同施行令一〇四条二項及び三項の規定が準用される。したがって、通常は文書で要請、緊急の場合には口頭、電信又は電話（後に文書を提出）ということになる。

また、災害派遣時における派遣部隊等の自衛官の職務執行については隊法九四条が警察官職務執行法等の準用を規定している（警察官職務執行法四条、六条一項・三項及び四項の規定の準用。なお、派遣海上自衛隊の三等海曹以上の自衛官の職務執行については海上保安庁法一六条の規定の準用）。その他の参照条文としては「特別の部隊の編

図1　災害派遣の実績（最近5年間）

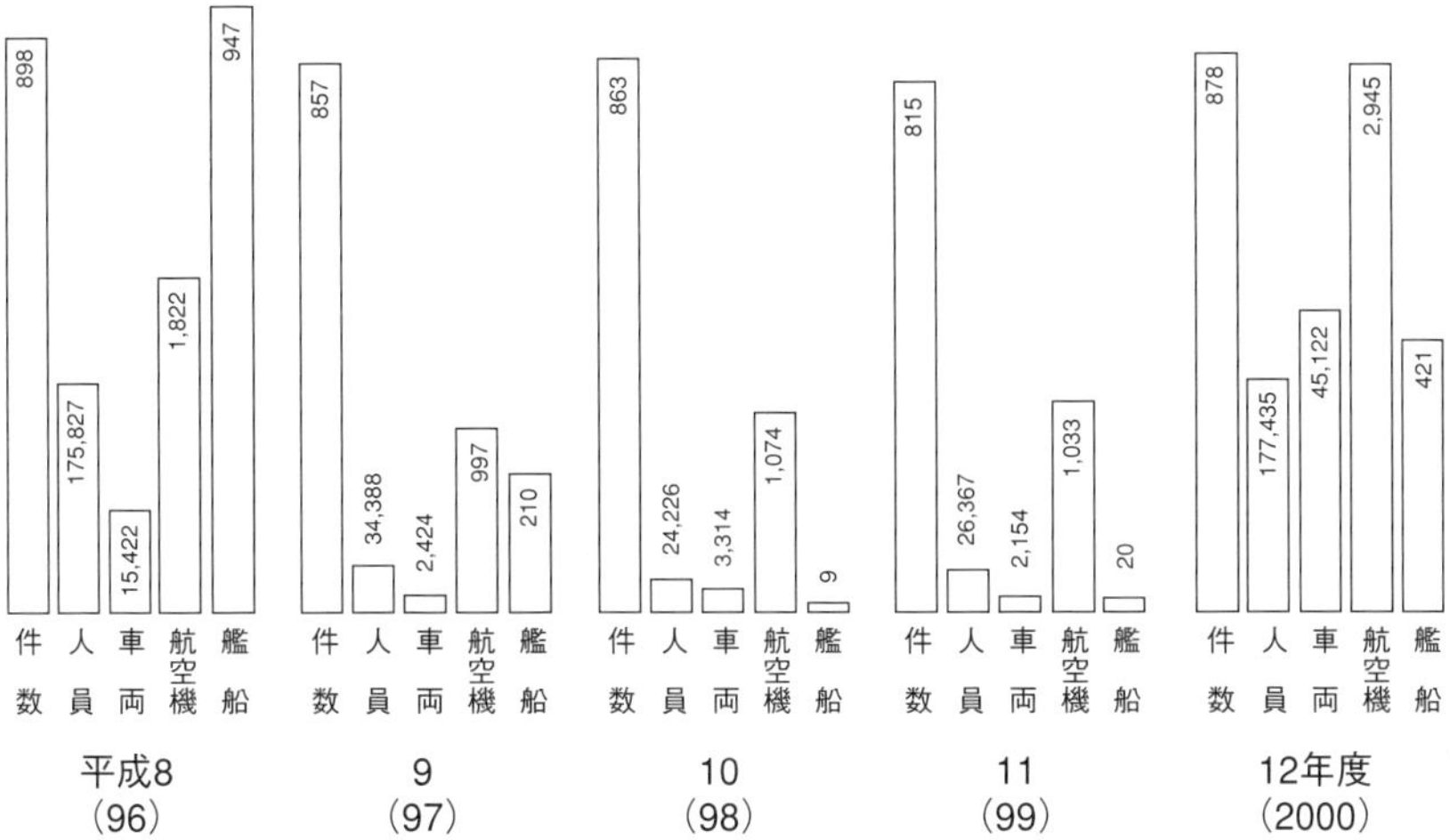

12年度内訳	項目	件数	人員	車両	航空機	艦船
	風水雪害・震災・噴火対策	17	158,671	42,980	1,846	384
	急患輸送	560	3,132	5	614	0
	捜索救難	59	9,294	933	129	21
	消火支援	127	2,825	366	61	0
	その他	115	3,513	838	295	16
	合計	878	177,435	45,122	2,945	421

出典：『防衛白書』平成13年度版191頁より。

図2　要請から派遣、撤収《てっしゅう》*までの流れ

＊　部隊をまとめて引き上げること

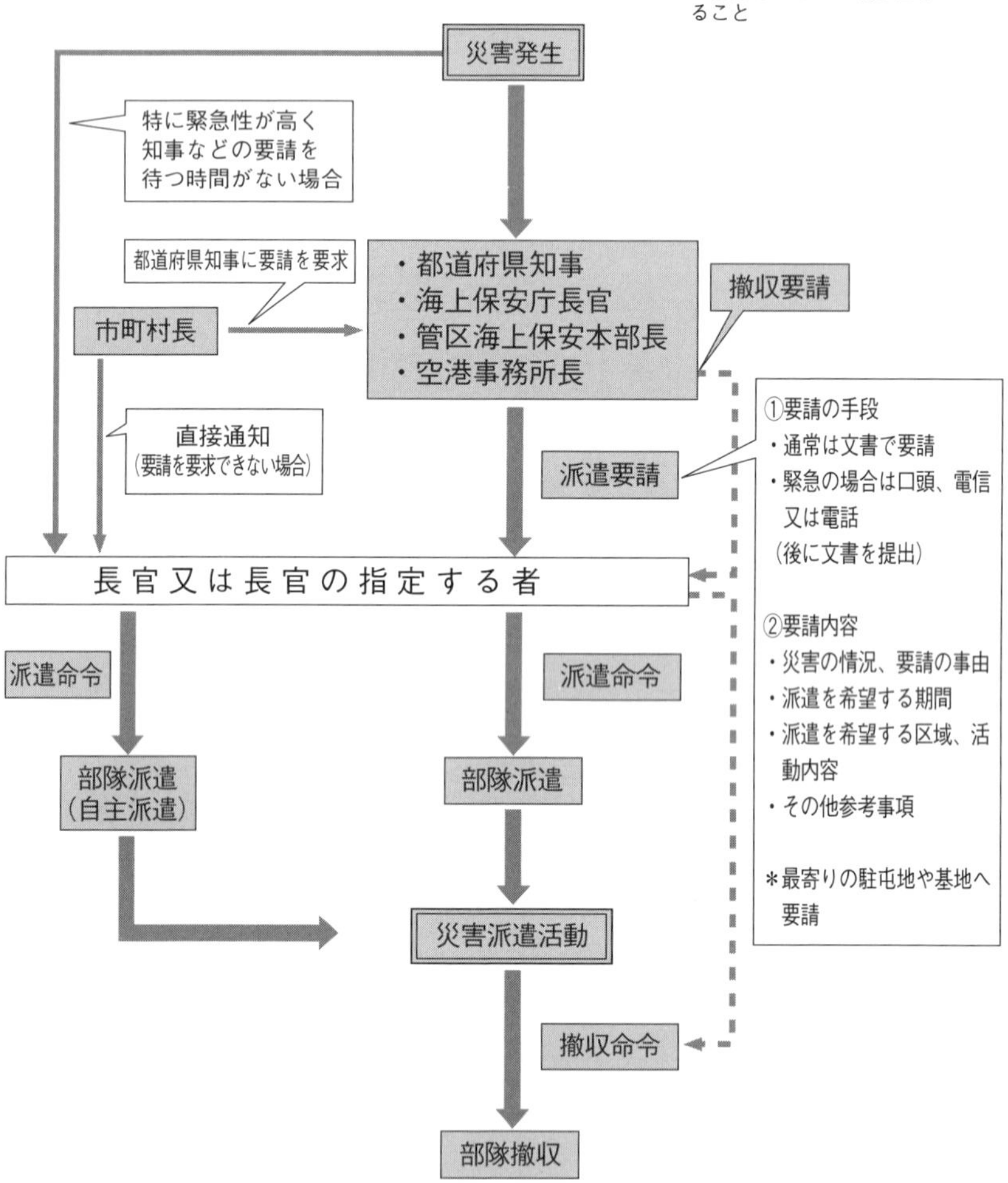

出典：『防衛白書』平成13年度版192頁より。

図3　災害対策マニュアルの概要

区分	対処方針	被害様相	求められる主な活動
都市部	被害の極限化 ・的確な状況把握 ・速やかな部隊展開 ・災害応急対策の実施 など	・火災 ・建築物の倒壊、生き埋め ・液状化現象 ・ライフラインの断絶 ・交通機関の損壊 ・港湾、飛行場などの損壊 ・集中豪雨による交通・地下都市機能の麻痺 など	【平素の段階】 ・自治体などとの連携の下、予め被害想定の見積りを実施 ・計画の作成と見直し(部隊の活動拠点確保に配慮)・・・各類型共通 ・指揮所訓練を含む防災訓練の実施・・・各類型共通 ・災害情報の共有体制の確立・・・各類型共通 【初動対処の段階】 ・航空機、車両、ヘリ映伝などの活用や連絡員の派遣による状況把握・・・各類型共通 ・被災地への速やかな部隊展開 ・ヘリなどを活用した人命救助、応急医療支援 ・ヘリ、渡河ボートなど状況に応じた輸送手段による避難住民の輸送支援 ・航空交通情報の提供 など 【初動対処以降の段階】 ・部隊の増援・交代・・・各類型共通 ・給食・給水・入浴などの生活支援・・・各類型共通 ・自治体などとの十分な調整の下、倒壊家屋の除去、ゴミ処理など災害復旧を実施
山間部	・より能動的な状況把握 ・進出経路・災害応急対策拠点の確保 ・二次災害への配意	・洪水 ・土砂崩れ ・鉄砲水 ・風倒木 ・雪崩 ・山林火災 ・火山噴火 など	【平素の段階】 ・自治体などとの連携の下、過去の災害発生実績、地誌などに基づく研究の実施 ・雪上車、防護マスクなどの適切な装備の整備 【初動対処の段階】 ・ヘリ、施設部隊の道路啓開能力などを活用した速やかな部隊展開 ・ヘリ、車両などによる捜索・救難活動の実施 ・ヘリによる空中消火などの実施 ・ヘリ、車両などによる避難住民の輸送支援 【初動対処以降の段階】 ・二次災害の防止のための支援
島嶼部	・早期の派遣準備 ・本島(本土)の災害対処能力の活用 ・災害応急対策拠点の確保 ・艦艇、航空機の有効活用	・津波 ・高潮 ・ライフラインの切断 ・火山噴火 など	【平素の段階】 ・自治体などとの連携の下、過去の災害発生実績、地誌などに基づく研究の実施 ・発災が十分予期される場合の待機など艦艇の有効活用 ・島嶼部所在部隊の災害対処能力の向上 【初動対処の段階】 ・航空機の輸送力を有効に活用した部隊展開 ・災害発生の兆候段階での艦艇の近傍海域への展開 ・災害応急対策要員などの輸送支援 ・ヘリ、艦艇などを活用した応急医療支援 ・航空機、艦艇を活用した避難住民の島嶼外などへの輸送支援 【初動対処以降の段階】 ・二次災害の防止のための支援
特殊災害	・関係省庁、民間専門機関などとの緊密な連携 ・化学防護部隊などの有効活用 ・隊員の健康管理	・原子力災害による放射性物質の放出 ・化学災害による化学物質のまん延 ・油流出による港湾・海浜などの汚濁	【平素の段階】 ・関係機関、専門家などとの連携の下、被害想定、初動対処計画の策定 ・特殊災害の被害様相、装備の取扱要領などについての隊員教育の実施 【初動対処の段階】 ・化学防護部隊などの速やかな進出・待機 ・専門家などの輸送支援 ・モニタリング支援 ・ヘリ、車両などによる避難住民の輸送支援 ・除染活動の実施 ・流出油の被害拡大防止 【初動対処以降の段階】 ・除染、油回収などの継続実施

出典：『防衛白書』平成13年度版199頁より。

成」を規定する隊法二二条二項、「関係機関との連絡及び協力」を規定する八六条がある。この点は、「地震防災派遣（隊法八三条の二）」、「原子力災害派遣（隊法八三条の三）」についても同様である。

さらに、隊法九四条の二によれば、災害派遣部隊等の自衛官は、災害対策基本法及びこれに基づく命令の定めるところにより、災害対策基本法五章四節に規定する応急措置をとることができるとされている。

② 地震防災派遣（隊法八三条の二）：［要請者は地震災害警戒本部長（内閣総理大臣）、要請される者は防衛庁長官］これは、大規模地震対策特別措置法一一条一項に規定する地震災害警戒本部長（内閣総理大臣をもって充てる）からなされた、同法一三条二項による要請に基づく派遣である。ここで注意を要するのは、この派遣要請が実際に地震災害が生ずる前に行われるということである。というのも、派遣要請目的をなす、すなわちそのために部隊等が派遣される「地震防災応急対策（の的確かつ迅速な実施）」とは、同法二条一四号により「警戒宣言が発せられた時から当該警戒宣言に係る大規模な地震が発生するまで又は発生するおそれがなくなるまでの間において当該大規模な地震に関し地震防災上実施すべき応急の対策をいう」と定義されているからである。これは地震発生前の問題である。したがって、実際に地震が発生し、災害が生じた場合には、「災害派遣」へ切り替わる。

③ 原子力災害派遣（隊法八三条の三）：［要請者は原子力災害対策本部長（内閣総理大臣）、要請される者は防衛庁長官］　災害派遣の事例（ケース）四を教訓にして一九九九（平成一一）年一二月、原子力災害対策特別措置法が成立し、二〇〇〇（平成一二）年六月に施行された。これに伴い、隊法の一部改正がなされ、原子力災害派遣（隊法八三条の三）が新たに規定されるに至った。

防衛庁長官は、原子力災害対策特別措置法一七条一項に規定する原子力災害対策本部長（内閣総理大臣をもって充てる）から同法二〇条四項の規定による要請があった場合、部隊等の派遣を行うことができる。

また、隊法九四条の三によれば、原子力災害派遣部隊等の自衛官は、原子力災害対策特別措置法二八条二項の規定により読み替えて適用される災害対策基本法及びこれに基づく命令の定めるところにより、災害対策基本法五章四節に規定する応急措置をとることができるとされている。

(二)　治安出動：兵力の対内的使用（国内法の適用）

一口にいえば、治安出動とは、本来対外的防衛をその主たる任務とする実力組織（兵力）の対内的使用である。兵力の矛先は外に向けられるのが原則であり、それが内に向けられるのは正に異例というべく、その意味では治安出動の方が防衛出動よりも国内的には深刻な問題を引き起こす。その直接の攻撃目標が自国民だからである。なお、適用法規は国内法である。この点で、兵力の対外的使用と異なる。

ところで現行法制上、治安出動には命令によるものと要請によるものとの二つがある。

① **命令による治安出動**：［命令者は内閣総理大臣］

隊法七八条によれば、内閣総理大臣は、間接侵略（それに対し、わが国を防衛することは自衛隊の主たる任務の一つ）その他の緊急事態に際して、一般の警察力をもってしては、治安維持が不可能であると認められる場合、自衛隊の全部又は一部の出動を命ずることができる。ただし、その場合には、原則として出動を命じた日から二〇日以内に国会に付議して、その承認を得なければならない（国会が閉会中の場合又は衆議院が解散されている場合には、その後最初に召集される国会において、「すみやかに」、その承認が求められる）。もし国会の不承認の議決があったときや出動の必要がなくなったときは、内閣総理大臣は、「すみやかに」、自衛隊の撤収を命じなければならない。

なお、防衛庁長官による「治安出動待機命令」を規定する隊法七九条、内閣総理大臣による「海上保安庁の統制」を規定する同八〇条に関連条文がある。

②　要請による治安出動：［要請者は都道府県知事、出動命令者は内閣総理大臣］

隊法八一条によれば、都道府県知事は、治安維持上重大な事態につきやむを得ない必要があると認める場合、当該都道府県の公安委員会と協議の上、内閣総理大臣に対し部隊等の出動を要請することができる。この要請をした場合には、事態が収まった後、「すみやかに」当該都道府県の議会に報告しなければならない。

この要請を受けて、事態やむを得ないと認める場合、内閣総理大臣は部隊等の出動を命ずることができる。ただし、都道府県知事が所定の場合に部隊等の撤収を要請したとき、又は内閣総理大臣が部隊等の出動の必要がなくなったと認めるときには、内閣総理大臣は、「すみやかに」、部隊等の撤収を命じなければならない。

また、①及び②の治安出動については、「長官と国家公安委員会との相互の連絡」を規定する同八五条、「関係機関との連絡及び協力」を規定する同八六条、「治安出動時の権限（警察官職務執行法の準用）」を規定する同八九条、「武器の使用」を規定する同九〇条、「海上保安庁法の準用」を規定する同九一条等の関連条文がみられる。

ところで、警察官職務執行法の準用は、ある意味で防衛法の警察法的変容とも語ることができる。そこに、わが国の防衛法制の特色がみられる。特に自衛官の武器使用にあたっての刑法三六条（正当防衛）又は三七条（緊急避難）の援用に顕著にそれが現れている。もっとも、当該部隊指揮官の命令によることが原則とされてはいる。というのも、同八九条二項は「前項において準用する警察官職務執行法第七条の規定により自衛官が武器を使用するには、刑法（明治四十年法律第四十五号）第三十六条又は第三十七条に該当する場合を除き、当該部隊指揮官の命令によらなければならない」と定めているからである。ちなみに、問題の警察官職務執行法七条は「警察官は、（中略）その事態に応じ合理的に必要と判断される限度において、武器を使用することができる。但し、刑法（明治四十年法律第四十五号）第三十六条（正当防衛）若しくは同法第三十七条（緊急避難）に該当する場合又は左の各号の一に該当する場合を除いては、人に危害を与えてはならない」と定める。なお、これらの規定による武器使用も職務行為とされる以上、その違法性阻却事由は刑法三五条に規定する「正当行為」に求めなければならない。純粋に刑法三六条（正当防衛）又は三七条（緊急避難）の問題ならば、あまりにも当然のことなのであえて明文化するまでもなく、明文化は職務行為であることの証左ということなのであろうか。職務行為であれば、その効果は自衛官の所属する組織体、すなわち国家に帰属する。

実は、このような武器使用の規定の仕方は、「防衛出動時の公共の秩序の維持のための権限」を規定する同九二条（特に三項）、「海上における警備行動時の権限」を規定する同九三条（特に三項）、「武器等の防護のための武器の使用」を規定する同九五条（ただし、本条には当該部隊指揮官の命令による、との明文の規定はない。したがって、武器使用は個々の自衛官に委ねられ、人に危害を与えるような武器使用は刑法三六条（正当防衛）又は三七条（緊急避難）の規定に該当する場合に限られる、と解される）、さらには「（国際平和協力業務における）武器の使用」を規定する「国際連合平和維持活動等に対する協力に関する法律」、いわゆる国際平和協力法二四条六項にも共通してみられるところである（ただし、何れも人に危害を与えることとなる武器使用）。刑法三六条（正当防衛）又は三七条（緊急避難）の援用は、自衛官の武器使用にあたっての共通パターンといってよい。ただ、国際平和協力法を例にとれば、武器使用を個々の自衛官にではなく、原則として当該現場に在る上官の命令によらしめるのは、「統制を欠いた小型武器又は武器の使用によりかえって生命若しくは身体に対する危険又は事態の混乱を招くこととなることを未然に防止」（同法二四条五項）するためである。したがって、武器使用が個々の自衛官に委ねられるのは、「生命又は身体に対する侵害又は危難が切迫し、その（当該現場に在る上官の——小針）命令を受けるいとまがない」（同法二四条四項）場合に限られ、加えて人に危害を与えるような武器使用は刑法三六条（正当防衛）

又は三七条（緊急避難）の規定に該当する場合に厳しく限定される。

実は、刑法三六条（正当防衛）、三七条（緊急避難）両条の援用は二つのレベルの何れか又は両方で行われる。一つは、「当該部隊指揮官の命令」という縛《しば》りを解くレベルであり（隊法八九条二項）、他は「人に危害を与えることとなる武器使用（対人的武器使用）」を許容するレベルである（警察官職務執行法七条）。国際平和協力法二四条六項における両条の援用は、「人に危害を与えることとなる武器使用（対人的武器使用）」を許容するレベルでのそれである。

◇　**要請による治安出動の要請手続**

◉流　れ

都道府県知事→「駐屯司令等（駐屯司令・地方総監・基地隊の長・基地司令他）」
　→内閣総理大臣

◉手段・方法

通常は文書で要請、緊急の場合には口頭、電信又は電話（後に文書を提出）ということになる。

◉必要事項

出動の要請にあたっては、次の事項を明らかにするものとされている。

一　出動を要請する事由
二　都道府県知事の出動の要請に対する当該都道府県の都道府県公安委員会の意見
三　その他参考となるべき事項

（自衛隊法施行令一〇四条）

㈢　防衛出動：兵力の対外的使用（国際法（武力紛争法）の適用）

この防衛出動こそ、対外的防衛をその主たる任務とする実力組織（兵力）の本来的使用形態（態様）といってよい。これは、直接侵略に対しわが国を防衛することをその主たる任務とする自衛隊固有の任務（働き・使命）ともいえる。防衛出動は兵力の対外的使用であり、またその時になされる武力の行使は武力紛争法たる国際法によって規律される。にもかかわらず、なぜ国内での働きとしたのか。その訳は、専守防衛というわが国の採用する防衛の基本政策にある。では、専守防衛とは何か。前掲・防衛白書の説くところによればこうである。

「専守防衛とは、相手から武力攻撃を受けたときに初めて防衛力を行使し、その態様も自衛のための必要最小限にとどめ、また、保持する防衛力も自衛のための必要最小限のものに限るなど憲法の精神にのっとった受動的な防衛戦略の姿勢をいう」（同七七頁）。

専守防衛がこのような防衛戦略だとすれば、敵の攻撃基地へのミサイルによる反撃はひとまず措き、原則的にはわが国上陸部隊の海外派兵は考えがたい。すなわち、攻撃国に対し着上陸作戦を決行し、そこを占領支配するという積極的な反撃姿勢は読みとれない。とすれば、自衛隊による武力の行使の場は、主としてわが国の領土（域）と解するのが妥当であろう。まさに、わが国は専守防衛という受動的な防衛戦略を採ることによって、自国の領土（域）を主戦場と化する危険性を他国にも増して背負い込むことになったのである。ここに、専守防衛戦略の秘められたもう一つの側面がある。このような点にかんがみ、著者は防衛出動を自衛隊の国内での活動に分類した。

◇「武力攻撃」（再掲）

「武力攻撃（armed aggression）」：自衛隊法第七六条の用語法「外部からの武力攻撃」、「外部からの武力攻撃のおそれのある場合」

◉「外部からの武力攻撃」とは、外国軍隊のわが領域への侵入、外国軍隊のわが領域等に対する攻撃、外国からの武装部隊（例：義勇軍）のわが領域への侵入、外国からのわが領域内における内乱者に対する大量の武器の供与により内乱を発生させ、又は拡大させ、実質的にわが領域に侵入したと同様に考える場合等をいう。

これは、「直接侵略」よりも広い概念である。また、国際連合憲章第五一条に定める「…国際連合加盟国に対して武力攻撃が発生した場合」の「武力攻撃」と同義である。

さらに、「外部からの武力攻撃」と「間接侵略」とは、ある部分において競合する。すなわち、「間接侵略」は、一又は二以上の外部の国の教唆又は干渉によって引き起こされた大規模の内乱及び騒擾（そうじょう）をいう。したがって、外部の国が内乱者に大量の武器を供与することにより、内乱を発生させ又は拡大させた場合においては、第七六条による「防衛出動」又は第七八条による「命令による治安出動」の双方が考えられるが、事態に即した内閣総理大臣の判断と国会の承認に委ねられる。

〔眞邉・前掲防衛用語辞典〕

ところで、隊法七六条は防衛出動につき次のように定める。

「① 内閣総理大臣は、外部からの武力攻撃（外部からの武力攻撃のおそれのある場合を含む。）に際して、わが国を防衛するため必要があると認める場合には、国会の承認（衆議院が解散されているときは、日本国憲法第五十四条に規定する緊急集会による参議院の承認。以下本項及び次項において同じ。）を得て、自衛隊の全部又は一部の出動を命ずることができる。ただし、特に緊急の必要がある場合には、国会の承認を得ないで出動を命ずることができる。」

内閣総理大臣は、国会の承認を得ないで出動を命じた場合には、「直ちに」国会の承認を求めなければならず（同条二項）、不承認の議決又は出動の必要がなくなったときは、「直ちに」、自衛隊の撤収を命じなければならない（同条三項。なお、一言ふれれば、治安出動にあっては「すみやかに」であり、他方防衛出動では「直ちに」である。用語法上も微妙なニュアンスの差が認められる）。

◇「直ちに」・「遅滞なく」・「速やかに」

「直ちに」とは時間的即時性を強く表す場合に用いられる語で、「遅滞なく」に比べて、一切の遅延が許されず（「遅滞なく」の場合には、正当な又は合理的な理由による遅滞は許容される）、また「速やかに」に比し急迫の程度が高いものとして用いられることが多い（「速やかに」の場合には、「直ちに」、「遅滞なく」に比し中程度の近接性を求めるもので、訓示的な意味で用いられる）。

〔有斐閣・法律用語辞典第二版〕

ところで、防衛出動命令の国会による承認に至るまでのプロセスを簡単に素描すれば、このようなことになろう。

←　内閣総理大臣による安全保障会議への防衛出動の可否の諮問（安全保障会議設置法二条一項四号）

同会議の審議決定（答申）
↓
閣議決定
↓
国会の承認

何れにせよ、防衛出動のための主要要件は「外部からの武力攻撃（外部からの武力攻撃のおそれのある場合を含む。）」である。この要件の意味内容は既にふれたとおりで、この要件の充足なくしては防衛出動はありえない。そして、この要件の充足問題はいわゆる「先制的自衛」の問題に深くかかわることとなる。

先制的自衛の問題とは、武力攻撃が実際に行われたわけではなく、ただその脅威があるというだけの理由で先手を打ち、攻撃することの可否の問題である、と一般に理解されている。国際法学上、学説には可とするものと否とするものとの両説がみられるが、この問題は結局、国連憲章五一条にいう「武力攻撃が発生した場合」とはいかなる場合を意味するのか、という解釈問題に帰着する。「発生した場合」とは「発生した後」と同じかといえば、必ずしもそうではない、と解されているごとくである。ある学説によれば、単なる武力攻撃の危険があるというだけの理由で、「先制的自衛」を行うことは許されないとしつつも、それを「武力攻撃が発生した後」と狭くかぎるのは適当ではないであろう、とも語られている。すなわち、攻撃のための行動がなされた場合（例えば、攻撃意図をもち外国の艦隊が自国に近づいて来るような場合）等は、（現に損害が発生していなくても、）「武力攻撃が発生した」ものとして自衛権行使を許容するのである。

隊法の表現は、「外部からの武力攻撃（外部からの武力攻撃のおそれのある場合を含む。）に際して」である。国連憲章五一条にいう「武力攻撃が発生した場合」よりも緩やかなようにもみえるが、この点どう解すべきか。

また、同七七条は防衛出動待機命令につき、次のように定める。

「長官は、事態が緊迫し、前条第一項の規定による防衛出動命令が発せられることが予測される場合において、これに対処するため必要があると認めるときは、内閣総理大臣の承認を得て、自衛隊の全部又は一部に対し出動待機命令を発することができる。」

出動待機命令の発令者は、防衛出動とは異なり、内閣総理大臣ではなく防衛庁長官である。もちろん、発令にあたっては引用条文が規定するように内閣総理大臣の承認が必要となる。

さて、内閣総理大臣により防衛出動を命じられた自衛隊の権限はどうか。この点につき、隊法八八条は、「防衛出動時の武力行使」の見出しのもと、次のように定める。

「① 第七十六条第一項の規定により出動を命ぜられた自衛隊は、わが国を防衛するため、必要な武力を行使することができる。

② 前項の武力行使に際しては、国際の法規及び慣例によるべき場合にあってはこれを遵守し、かつ、事態に応じ合理的に必要と判断される限度をこえてはならないものとする。」

ただ、出動を命ぜられた自衛隊が直ちに武力を行使できるか否かは、微妙な問題である。それは、内閣総理大臣による防衛出動命令（下令）の法的性質にかかる解釈問題と密接な関係を有している。すなわち、この命令（下令）段階で単なる出動のみならず、必要な場合には自衛隊が武力行使を行うことまで命じられていると解されるかどうかということである。すなわち、この問題は、

内閣総理大臣による防衛出動命令（下令）

↓

自衛隊の防衛出動

自衛隊による武力行使

←

という一連の連鎖が認められるのか、という問題に還元される。裏からいえば、自衛隊による武力行使に先だって内閣総理大臣等による武力行使命令が改めて必要なのか、ということになる。この点が現行防衛法制上必ずしも明確ではない。いったい、自衛隊による武力行使を決定するのは誰か。自衛隊自身だということになれば、今度は文民統制との関係で厄介な問題を引き起こす。防衛出動は文民たる内閣総理大臣が命ずるが、その後における武力行使の決定者は自衛隊（より具体的には現場に在る部隊指揮官）ということでいいのか、という問題がこれである。交戦規則のないわが国の現状にあって、この問題は不可避的に生ずる。有事法制論議にもかかわるが、やはり現行法制には法的に未整備な点があるといわなければならない。しかも、著者がみるかぎり、比喩的に表現すれば「銃の引き金」を引く決定者は誰か、という一番肝心な点が未整備である。

なお、「特別の部隊の編成」を規定する二二条一項、「防衛招集」を規定する七〇条、「海上保安庁の統制」を規定する八〇条、「関係機関との連絡及び協力」を規定する八六条、「防衛出動時の公共の秩序の維持のための権限」を規定する九二条、「防衛出動時における物資の収容等」を規定する一〇三条、「電気通信設備の利用等」を規定する一〇四条、「航空法適用除外」を規定する一〇七条四項、「消防法適用除外」を規定する一一五条の二第一項等に関連条文がみられる。

ただし、防衛出動にかかる法制に関しては、例えば「防衛出動時における物資の収容等」を規定する一〇三条にみられるように、同条一項・二項の政令で定める者、一項の政令で定める施設、四項の政令及び五項の政令、何れもが未制定であったりして、法整備の不十分さが痛感される。

(四)　その他の働き

その例としては、「緊急事態への対応」（在外邦人などの輸送態勢の整備、周辺事態への対応）、「ミサイル発射への対応」、「不審船への対処（領海警備活動）」（不審船に対する具体的な対応策として、「海上保安庁法の一部を改正する法律」が制定され、平成一三年一一日二日、公布・施行された。同法二〇条二項によれば、所定の場合に、海上保安官又は海上保安官補は、不審船舶の進行を停止させるために他に手段がないと信ずるに足りる相当な理由のあるときには、その事態に応じ合理的に必要と判断される程度において、武器を使用することができることになった。ただし、当該船舶が海洋法に関する国際連合条約一九条に定めるところによる無害通航でない航行をわが国の内水又は領海において現に行っていると認められることが要件の一つとされている。したがって、二項の適用は領海内の航行に限定される。なお、参照、富井幸雄「領域警備に関するわが国の法制度」新防衛論集第二八巻第三号三頁）、「領空侵犯への対処」等があり、領海警備活動と並んでこの領空侵犯対処活動において適用法規は国際法か国内法といった重要でありながら未解決の問題もあるが、深く立ち入らない。

Ⅱ　国外での働き

ここで取り上げるのは、自衛隊の部隊等が海外へ派遣（派兵ではない）されて行う業務であって、それは大きく「国際平和協力業務」と「国際緊急援助活動」とに二分され、各々、要件及び根拠法を異にする。前者の「国際平和協力業務」の根拠法は国際連合平和維持活動等に対する協力に関する法律、いわゆる「国際平和協力法」

（平成四年六月一九日、法律七九号。なお、同法施行令（平成四年八月七日、政令二六八号）、同法施行規則（平成四年八月七日、総理府令四二号）、ゴラン高原国際平和協力隊の設置等に関する政令（平成七年一二月二〇日、政令四二一号）参照）であり、後者の「国際緊急援助活動」の根拠法は「国際緊急援助隊の派遣に関する法律」である。

㈠　国際平和協力業務

国際平和協力法によれば、国際平和協力業務は「国際連合平和維持活動のために実施される業務」、「人道的な国際救援活動のために実施される業務」及び「国際的な選挙監視活動のために実施される業務」に三分され（同法三条三号）、何れも海外で行われる。このうち、「国際的な選挙監視活動のために実施される業務」は自衛隊の部隊等が行う業務の対象外とされるが、この対象外となる国際平和協力業務として具体的には次に掲げるものがある（同法三条三号）。

三条三号

ト、議会の議員の選挙、住民投票その他これらに類する選挙若しくは投票の公正な執行の監視又はこれらの管理

チ、警察行政事務に関する助言若しくは指導又は警察行政事務の監視

リ、チに掲げるもののほか、行政事務に関する助言又は指導

したがって、自衛隊の部隊等が海外で行う国際平和協力業務は、「国際連合平和維持活動のために実施される業務」と「人道的な国際救援活動のために実施される業務」とにしぼられる。

なお、自衛隊の部隊等が行う場合、当該部隊等が行うことが適当であると認められるものであること、自衛隊

の任務遂行に支障が生じない限度においてであること、実施計画に定めるものとすること、といった制約要件が共通に課されている（六条六項）。

以下、分けてそれぞれ簡潔に説明しよう。

① 国際連合平和維持活動のために実施される業務（以下、「国連平和維持活動」という。ただし、法文上は「国際平和協力業務」となっている）

国連平和維持活動は平和維持隊本体業務（三条三号イからへまでにかかげるもの又はこれらの業務に類するものとして同号レの政令で定めるもの。附則二条により「別に法律で定める日までの間」凍結）と平和維持隊後方支援業務（三条三号ヌからタまでに掲げるもの又はこれらの業務に類するものとして同号レの政令で定めるもの）とに分かれる。

「平和維持隊本体業務」は、次に掲げるとおりである（イからへまで）。

イ　武力紛争の停止の遵守状況の監視又は紛争当事者間で合意された軍隊の再配置若しくは撤退若しくは武装解除の履行の監視

ロ　緩衝地帯その他の武力紛争の発生の防止のために設けられた地域における駐留及び巡回

ハ　車両その他の運搬手段又は通行人による武器（武器の部品を含む。ニにおいて同じ。）の搬入又は搬出の有無の検査又は確認

ニ　放棄された武器の収集、保管又は処分

ホ　紛争当事者が行う停戦線その他これに類する境界線の設定の援助

へ　紛争当事者間の捕虜の交換の援助

「平和維持隊後方支援業務」は、次に掲げるとおりである（ヌからタまで）。

ヌ　医療（防疫上の措置を含む。）

ル　被災民の捜索若しくは救出又は帰還の援助

ヲ　被災民に対する食糧、衣料、医薬品その他の生活関連物資の配布

ワ　被災民を収容するための施設又は設備の設置

カ　紛争によって被害を受けた施設又は設備であって被災民の生活上必要なものの復旧又は整備のための措置

ヨ　紛争によって汚染その他の被害を受けた自然環境の復旧のための措置

タ　イからヨまでに掲げるもののほか、輸送、保管（備蓄を含む。）、通信、建設又は機械器具の据付け、検査若しくは修理

実は、国会との関係で両者の取扱いに違いが認められる。すなわち、前者の平和維持隊本体業務にあっては、内閣総理大臣は自衛隊の部隊等の海外派遣前に、その業務実施につき国会の承認を得なければならない（同法六条七項）。この承認なくしては本体業務の実施はあり得ない。承認は事前（派遣前）が原則であるが、国会が閉会中の場合又は衆議院が解散されている場合には、派遣開始後最初に召集される国会において遅滞なくその承認を求めなければならない。不承認ということになれば、政府は本体業務を遅滞なく終了させなければならない（六条九項）。これに対して、後者の平和維持隊後方支援業務は国会の承認事項とされていない（ただし、七条は国会への報告義務を定めている）。

②　**人道的な国際救援活動のために実施される業務**

一般的に、人道的な国際救援活動（法三条二号）とは、国際連合等の国際機関が行う要請に基づき、紛争によって被害を受け若しくは受けるおそれがある被災民の救援のために又は紛争によって生じた被害の復旧のために人道的精神に基づいて行われる活動であって、国際連合等によって実施されるものをいう。なお、国際平和協力

業務として行われる人道的な国際救援活動のために実施される業務とは、具体的には三条三号ヌからレまでに掲げるものであって、海外で行われるものを指す。自衛隊の部隊等が行う場合は、同号ヌからタまでに掲げる業務又はこれらの業務に類するものとして同号レの政令で定める業務である（具体例は、平和維持隊後方支援業務を参照）。

ここで着眼すべきは、この救援活動およびそのために実施される業務の要件をなす「紛争」は国際の平和及び安全の維持を危うくするおそれのある紛争であり、その意味で「国際緊急援助活動」における「大規模な災害」とは異なるということである。要するに「人道的な国際救援活動（のために実施される業務）」にあってはまさに人為的紛争がこの活動の要因であるのに対して、「国際緊急援助活動」の場合はあくまでも海外の地域における「大規模な災害」が動因ということである。この点に彼我の決定的な違いが存する。

(二)　国際緊急援助活動

その根拠法は「国際緊急援助隊の派遣に関する法律」（昭和六二法律九三）であるが、この活動の特色は一条の定めるところで、いわく。

「この法律は、海外の地域、特に開発途上にある海外の地域において大規模な災害が発生し、又は正に発生しようとしている場合に、当該災害を受け、若しくは受けるおそれのある国の政府又は国際機関（以下「被災国政府等」という。）の要請に応じ、国際緊急援助活動を行う人員を構成員とする国際緊急援助隊を派遣するために必要な措置を定め、もって国際協力の推進に寄与することを目的とする。」

国際平和協力法に規定する「人道的な国際救援活動」との端的な違いは、当該活動にあっては「国際の平和及び安全の維持を危うくするおそれのある紛争」がその要件とされているのに対し、「国際緊急援助活動」の方はあくまでも紛争ではなく「大規模な災害」が要件とされている点にある。そして、国際緊急援助隊の任務は、「救助活動」、「医療活動（防疫活動を含む。）」及び「（これらのほか）災害応急対策及び災害復旧のための活動」である（同法二条）。

自衛隊との関連でいえば、外務大臣が関係行政機関との協議を行い、一条の目的を達成するために特に必要と認めるときは、自衛隊の部隊等による活動につき協力を求めるため、防衛庁長官と協議することとされている（三条二項）。この部隊等による活動として掲げられているのは、「国際緊急援助活動」であり、この活動を行う人員又はこの活動に必要な機材等の物資の海外地域への輸送である。防衛庁長官は、協議に基づき、自衛隊の部隊等にこれらの活動を行わせることができるのである（四条二項）。

なお、この国際緊急援助活動という事務の遂行につき権限を有する、すなわち主務大臣は文面上から判断すると外務大臣である。

Ⅲ　自衛隊の働き（作用法）――まとめ

㈠　「組織法」と「作用法」

そもそも、「組織法」といい、「作用法」いい、それらが何を意味するのかが、問題となる。この点をあらかじめ明らかにしておかなければならないが、ここではひとまず藤田宙靖教授にならい、次のように理解することにしたい。行政をめぐる法関係としては、一方において行政の「内部」関係があり、他方において行政の「外部」関係がある。前者の内部関係にかかわる問題とは、行政主体（行政を行う権能を与えられた法主体）の側の内部構成・内部組織にかかわる問題であり、行政組織法の問題だといえる。これに対して、後者の外部関係にかかわる問題とは行政主体とその外にある私人との関係にかかわる問題であって、これは行政作用法の問題だといえる。「法律による行政の原理」をなす「法律の留保の原則」はまさに行政作用法上の原則だと解される（藤田・行政組織法（良書普及会、平成六）、特に「第一編　行政組織法総論　序章　行政組織法とは何か」参照。なお、平成一三年に同書の新版が発行された）。

(二)　自衛隊の「作用法」

実は、当初著者としてはこの作用（法）にこそ際立った自衛隊の特色が認められるものと考えていたが、作用法を自衛隊の「外部」関係、すなわち自衛隊と「私人」との関係にかかわる法だと解すると、こと「防衛出動時になされる武力行使」という形でのその作用に関する限り、国民生活への重大な波及効果は別にして、対私人関係では法的に格別特筆すべきものがないことに気が付いた。というのも、かかる作用それ自体はわが国に対しなされる外部からの武力攻撃に際しわが国を防衛するために自衛隊により行われる作用であって、その意味でもっぱら対外的国家作用であり、適用法規もこれまた国際法（武力紛争法）だからである。直接私人に向けられる作用ではない。したがって仮にかかる「武力行使」が行政作用だとしても、「通常の私人と行政との間の法関係を規律する行政作用法」（藤田・行政組織法三頁）、さらには「行政主体に対して私人の権利利益の保護を図るための法原理として生まれた『法律による行政の原理』」（藤田・第三版行政法Ⅰ総論〔改訂版〕八五頁）は、その準用はひとまず措き、武力行使には直接妥当しないといわなければならない。

ただ、治安出動や隊法一〇三条の防衛負担等は対内的作用であるから別様の理解が成り立ち、このような作用に適用されるのは防衛出動における武力行使とは違い国内法である。

また、防衛出動における自衛隊に対する指揮監督権、すなわち最高指揮命令権について敷衍《ふえん》するならば、この指揮監督権をもってなされる実力組織の活動は戦闘行為であって、それは対外的な国家作用であり、主に国際法の一つである戦時国際法とりわけ交戦法規（今日、「武力紛争法」とか「国際人道法」などと呼ばれている）が適用される。なお、国連憲章五一条の自衛権行使にあたり妥当すべき法原則（理）として比例原則（必要性原則、狭義の比例原則）、即時性の原則をあげることができる。必要性原則についていえば、憲章五一条には国連加盟国に対し「武力攻撃が発生した場合」とあるので、武力攻撃以外の単なる国際法違反ではこの原則を充足したことにならない。したがって、その場合に自衛措置として武力行使することは不必要な措置ということになる。また、武力行使をもってしか有効に対応できないかが問われることとなる。狭義の比例原則についてはどうか。武力攻撃が発生した場合、自衛措置をとることは必要性の原則を充たす。武力行使をもってこれに応ずることも、この場合には狭義の比例原則を充足し、許容される。しかし、今度は程度が問題となり、何が過剰防衛かが問われる。例えば、攻撃国の領土に進行し、一時的にせよそこを制圧占領し占領地行政を行うことは自衛措置の限度を越えるものと解される（ただ、自国に対する敵国による攻撃阻止のため攻撃基地への反撃が自衛として許容されるならば、設例の受け止め方も変わってこよう）。いわんや、領土の併合に至っては問題外というべきである。自衛措置は侵害排除に限定されると解するのが穏当な解釈であろう。ただ、武力攻撃の規模が極めて大きい場合、現行の国連憲章五一条で定める「自衛措置」をもってはたして有効に対処できるのか、という疑問は生じる。予定されていた「集団安全保障体制」が機能していない今日、この問題の解決は国連に課された重大な課題というべきであろう。なお、「即時性の原則」にふれれば、それは自衛権行使が「安全保障理事会が国際の平和及び安全の維持に必要な措置をとるまでの間」(憲章五一条)に限られることに由来し、その意味で自衛権行使は時間的にも限定されることになる。

なお、憲章五一条にかかるやっかいな問題は、その規定する「武力攻撃」の主体は誰かということである。著者は、憲章上、国家がその主な主体として想定されていると考えているが、問題は国家以外の存在として何が考えられるかである。一定の地域を実効的に支配している地域的統治団体（例、台湾）も含めることは可能であろう。では、いわゆる「テロリスト」はどうか。こうなると、にわかに断じがたい。「武力攻撃」をどうとらえるかにもよるが、テロリストによるテロ(リズム)は、通常、犯罪とされ、国内法により処断されよう。とすれば、テロリストは武力攻撃の主体たりえないこととなり、テロを理由とする自衛権の行使も憲章五一条の解釈としては成立しないこととなる。テロリストへの自衛権行使は、テロそのものとは直接関係のないテロリストの所属するないしは居住する国家等への武力の行使となり、それはとりもなおさず「いかなる国の領土保全又は政治的独立」に対する武力の行使をも禁止する憲章二条四の原則にふれるということにならないか。このような疑問を著者は未だに払拭できないでいる。一体、「新しい戦争」の始まりとは何を意味するのであろうか。テロリストを「戦闘員」として遇し、捕らえたならば「犯罪者」としてではなく「捕虜」として扱うことまで含意しているのであろうか。

第４章　自衛隊の仕組み

Ⅰ　自衛隊の組織――組織法

㈠　概　説

法治主義、すなわち「法律による行政の原理」は「行政」組織の法定（法律で定めること）まで要請するのであろうか。つまり、「行政」組織とされる自衛隊が議会制定法たる法律によって定められるのはなぜなのか、という問題である。著者はこの問題に対し既に次のように答えてはいる（なお、「組織法」・「作用法」については、前出「第三章　三　自衛隊の働き（作用法）――まとめ」㈠「組織法」と「作用法」参照）。

「法治主義（「法（律）による行政」）、デモクラシーの要請とともに、いかなる行政が行われるべきか（行政の内容面）のみならず、かかる行政がどのような手続・機関・組織によって行われるべきかも法定、すなわちデモクラシーの要素をも加味していえば『国民代表である』議会により法律で定められるべきこととされるに至った。」（拙著・憲法講義（全）一八八頁（信山社、平成五））

ここには法定の根拠として、「法律による行政の原理」と「デモクラシーの要請」の二つがあげられている。実は、前者の「法律による行政の原理」についていえば、その「応用」は別として、当該原理自体から直ちにこのような行政組織の法定を導き出すことはできないのである。というのも、藤田教授によれば、この原理は「行政作用法の基本原理」（同・前掲行政組織法八頁）と解されており、とすれば作用法にあらざる組織法の領域では少なくともその直接の適用をみない、といわなければならないからである（したがって、拙著・前掲書の改訂新版では「今日、いかなる行政が行われるべきか（行政の内容面）のみならず、かかる行政がどのような手続・機関・組織によって行われるべきかも法定、すなわち『国民代表である』議会により法律で定められるべきこととされるに至った」（同改訂新版一五一頁（信山社、平成一〇））とのみ述べるにとどめた）。ならば、行政組織の法定を要求する法原則とは何であろうか。デモクラシーの要請ということなのか。それとも権力分立や議会主義などの要請なのか。それが、問題である（＊この行政組織の法定については、稲葉馨「行政組織編成権について」新・鈴木編『憲法制定と変動の法理　菅野喜八郎教授還暦記念』（木鐸社、平成三）が有益である）。

稲葉教授によれば、「わが国における〝法律による行政組織編成〟観」として、次に掲げる二つのアプローチがあげられている。

第一に、作用法的アプローチである。

このアプローチは、行政機関の権限内容に着目し、しかも〝直接国民に対して行動する権限〟を有するものか否かによって「立法」所管の当否を決しようとするものである。これはまた「対外的な行政活動（行政作用）」に標準を定める発想であり、〝作用法的授権〟を念頭において展開されてきた「法律による行政の原理」論を

「応用」するものである。遠く遡れば、わが美濃部博士、そしてさらにドイツ後期立憲主義国法学の伝統に連なる（同論文一六五頁）。

結局、作用法的アプローチは「国民」と「密接な関係を有するもの」、ないし「何らかの意味で国家と国民との間の関係に関連をもつ」ものは、「作用法」の場合と類似した配慮から、「組織法」についても法律の形式を要すると考える見解、ということになろう（同論文一六六頁）。

第二に、組織法的アプローチである。

「行政各部ノ官制中主要ナルモノ」、「官制に関する基本的事項」、「重要ナル官制」、「内閣と密接不可分」なもの、「行政組織の根本」という発想は、おそらく、行政機関の――相互間ならびに全体的な――編成という視点を出発点に置くものと考えられ、その意味で〝組織法的アプローチ〟と呼ぶことができる。

このアプローチとして特に注目に値するのは、堀内教授の見解である（堀内健志・立憲理論の主要問題（多賀出版、昭和六二））。教授によれば、一般に「〝法律・行政〟間において」問題とされる「法律の排他的所管」とは「権利命題」をめぐるものなのであり、「組織法」については、「本来国家の統治組織が憲法典の所管であってみれば、この授権にかかる『立法』所管を憲法四一条後段とは別個に構成できる」（稲葉同論文一六七頁）。すなわち、「憲法組織法は国家意思を具現する国家の最高機関の、例えば国会・内閣・裁判所を創設し、それらの相互関係、権能などを定めるが、そのすべてを網羅しえず、法律に授権されて、これが憲法附属法令を成す」ことになる（同論文一六七～八頁）。これは、「国家の基礎法の全体を、実質的意味の憲法」とし、それに「国家行政組織法」をも含めている宮沢博士の見解とも重なり合うものを有するように思われる（同論文一六八頁）。

しかしながら、こと自衛官定数に関する限り、その直接的な法定がいずれのアプローチに依拠するものかはそれほど定かではないように思われる。

なお、デモクラシーの要請という視点に対しては、行政作用にかかわる「全部留保理論」に関してであって、「行政組織法」に直接かかわるものではないが、塩野教授の以下の見解は示唆にとむ。

「これは一般にいえることなのであるが、民主主義の観念は具体的にはどこまでのことを要求するものであるかについて、明確な回答を出し難いところがある。つまり、自由主義の原理であると、自由と財産を一方に置き、他方に侵害、つまり強制のモーメントを置けば、自然に答えが出てくる。これに対して、民主主義であると、どこまで法律の根拠を求めるかの答えが出難い。全部留保を貫徹すればそれでよいが、そこまでいえないということになると、次の線を画する手立てが、民主主義だけではなかなかみつからない、という問題があるのである」（塩野・行政法Ⅰ第二版六三頁（有斐閣、平成六））。

また、塩野教授の説く「法律による行政の原理」とは Prinzip der gesetzmäßigen Verwaltung の訳語であって、もともと法治国家における行政法の基本原理としてドイツに妥当していたものである。日本では、法治主義ともいわれる。この原理のイデオロギー的基礎は、権力分立がそうであるように、自由主義的思想である（これに対し、柳瀬博士は「法治国家の思想的基盤」として「権力分立の思想」と「主権在民・国民主権の思想」をあげ、これらは専ら国家の作用の形式又は手続に関するもので、国家作用の内容又は実質に関する基本権（基本的人権）の思想に由来する自由主義の原則は法治国家の思想的基盤ではない、という（柳瀬良幹「法治國家」行政法講座第一巻一八八頁、一九〇頁（有斐閣、昭和四四））。

「法治国家の思想的基盤」の問題はさておき、「権力分立の思想」と「自由主義的思想」との関係につきふれれば、著者は統治機構（組織）レベルにおいて権力の濫用を防止し自由の確保に仕えるものこそが「権力分立の思想」であると考えるがゆえに同思想は「自由主義的思想」と密接にかかわっているとみる。その意味で柳瀬博士とは理解を異にする。

さて、この問題につきさらに敷衍していえば、仮に自衛隊という国家の対外的な実力組織の法定が単にデモクラシーのみからする要請ではなく、「文民統制」をも考慮に入れての要請であるとするならば、これは非防衛組織である他の一般の行政組織には見られない要請ということになり、看過できない自衛隊の特色がここに認められる。

(二) 自衛官定数の法定と文民統制

ここでは具体例として「自衛官の定数」（兵力量）を取り上げ、若干の考察をくわえることにする。

「行政機関の職員の定員に関する法律」（昭和四四法律三三）一条二項三号により「自衛官」は前項すなわち一項（内閣等の常勤職員定員の総数の最高限度規定）の職員に含まれず、その定数は庁設置法の定めるところによることとされている（庁設置法八条（自衛官の定数））。ちなみに、同八条によれば、陸上自衛官一六七、三八三人、海上自衛官四五、八一二人、航空自衛官四七、二六六人に統合幕僚会議所属の陸上自衛官・海上自衛官・航空自衛官の数を加えた総計二六二、〇七三人とされている。

いずれにしても、自衛官の定数は具体的かつ厳格に法定され（議会統制）、それ以外の防衛庁の職員定数は政令（行政機関職員定員令）の定めるところによる（政令への委任）、というのが現行法制のあり方である。ここに自衛官定数の法定主義の具現化が見られる（なお、防衛庁の定員（ただし、自衛官を除く）は総理府定員の内数である）。

ちなみに、この点につき『平成一三年版　防衛白書』は、わが国にあっては、「終戦までの経緯に対する反省もあり」、自衛隊に対し「厳格なシビリアン・コントロールの諸制度を採用している」として、次のように述べている。「国民を代表する国会が、自衛官の定数、主要組織などを法律・予算の形で議決し、また、防衛出動などの承認を行う」（同・七七頁）。

次に、のちに文「官」統制のところで再びふれることとなるが、その際の予備的理解のため防衛庁に特設されたといわれる「参事官」につき簡単に説明しておくことにする。

参事官とは部隊統制のために行政組織内部に設けられた独特な装置で、長官に対する「統制補佐権（長官を補佐し自衛官を統制する、という意味では補佐統制権の方がよいかもしれない―小針）」を有し、防衛庁文「官」統制の手段と解されている（庁設置法九条、一一条三項、一六条、特に一六条二項）。この参事官については国家行政組織法上明文の規定はないが、人事院、会計検査院、内閣をはじめ多くの省庁には、その設置法あるいは組織令等に基づいて、参事官が置かれており、内閣参事官・内閣法制局参事官のごとくである。なお、防衛庁に特設されたこの防衛参事官の官名又は公の名称は、「隊員の任免等の人事管理の一般的基準に関する訓令」五条一号によれば、「防衛庁防衛参事官」とされている（なお、平成一三年から参事官の冠に「防衛」の二文字が加わり、防衛庁設置法九条において「防衛参事官」となった）。

この防衛参事官は、所掌事務全般の基本について目配りをし、文民統制を補強し確保する役割を果たすものとされる（通説）。また、長官（大臣）の補佐機関である点で他の省庁の参事官とは趣を異にするといわれている。加えて、防衛参事官を国家行政組織法一八条四項の総括整理職とみる解釈は、防衛参事官が事務の全般について長官を直接補佐する者であり、各部局にまたがる事務を調整する機能をもたないことから支持し難く、国家行政組織法を離れて防衛庁独自の観点から設置されたと見るべきであろうとも語られ、防衛参事官の特色が指摘されてもいる（安田寛監修　防衛法学会編著・平和・安全保障と法――防衛・安保・国連協力関係法概説――補綴版五三頁（内外出版、平成九）。以下「平和・安全」という。なお、同書の全面的改訂版が、平成一三年、西修他『日本の安全保障法制』（内外出版）として発行された。防衛参事官についての記述は旧版と同旨。参照、同書七二～七三頁）。

改めていうまでもなく、文「官」統制との関係でこの防衛参事官の果たす役割の重要性は、防衛庁設置法一一条三項で「官房長及び局長は、防衛参事官をもって充てる」とされており、また同法一六条には「官房長及び局長」による長官の補佐が規定されていることから明らかであろう（同法一一条一項「本庁（防衛庁――小針）に、長官官房を置くほか、内閣府設置法第五十三条第五項の政令で定めるところにより、局を置く」を受けて制定された防衛庁組織令二条によれば内部組織は長官官房および四局（従前は防衛局・教育訓練局・人事局・経理局・装備局の五局であり、この五局体制は平成九年の組織令改正後も、防衛局・運用局・人事教育局・経理局・装備局ということが維持されたが、現行組織令では防衛局・運用局・人事教育局・管理局の四局とされている。なお、一条は防衛参事官の定数を一〇人としている）。

㈢　文民統制と文「官」統制

文民統制を階層という視点でとらえれば、国民による民主的統制（防衛情報の公開が重要）、国会による民主的・政治的統制（法律・予算・条約承認（例、安保条約の承認）、両院の国政調査権など）、内閣による政治的統制（内閣総理大臣の最高指揮監督権・人事権・行政協定の締結（例、安保条約に基づく米軍地位協定）など）、防衛庁長官による政治的・行政的統制（隊務統括権・自衛隊員の人事権など）、そして最後に防衛庁内局による行政的統制を考えることができる。ここでは特に最下層の「行政的」統制、すなわち文「官」統制に的を絞り、そこで何が問題とされているのか、およそそれは文「民」統制の一内実をなし得るのか否か、といった問題にふれてみよう。

文官レベルの文民統制をもって文「官」統制と揶揄《やゆ》し、およそそれは文民統制に値しないと主張するのが元陸幕法規班長宮崎弘毅氏である（同「防衛庁中央機構の問題点」防衛法研究九号）。宮崎氏は、行政事務専門家である事務次官、防衛参事官、官房長、局長（なお、官房長・局長は庁設置法一一条三項により参事官をもって充てることは既に述べた）以下の内局が防衛行政事務レベルでの長官補佐にとどまるべきであるにもかかわらず、現行法制下では庁設置法一六条に典型的にみられるように、長官と軍事専門家である統幕および各幕僚監部との間に割って入り（とりわけ、「官房長及び局長は、その所掌事務に関し、次の事項について長官を補佐するものとする」との本文規定を受け、同条二号は「陸上自衛隊、海上自衛隊又は航空自衛隊に関する事項に関して陸上幕僚長、海上幕僚長又は航空幕僚長の作成した方針及び基本的な実施計画について長官の行う承認」と規定しており、まさに長官と幕僚長との間に文官である官房長および局長が割って入ることとなる）、軍事的専門分野のことまで長官を補佐するあり方は軍事的適合性を阻害するとして厳しく批判する。これが氏の説く文「官」統制批判である。ただしかしながら、他方において宮崎氏は真の文民統制は予算統制と財務監督によって保障される、として、防衛庁においても内局経理局長にコントローラーの性格と機能とを付与し、このようにして庁内文民統制制度の確立を図るべきだとも主張するわけだから、その限りでは防衛庁内局による「行政的」統制一般、いわゆる文「官」統制をことごとく否定しさるものではないということになる（同・前掲論文二四頁）。

結局、文「官」統制批判の問題は庁内レベルで内局はいかなる分野の統制をどのように自衛官である制服組に対しなすべきか、という問題に還元される。「軍事的適合性」を阻害しない分野の統制である以上、宮崎氏も容認するわけであるから、その意味では文「官」統制も肯定的に語りうることになる。その意味では、宮崎氏の文「官」統制批判は十全な形では貫徹をみないといわなければならない。もとより文「官」統制が「軍事的適合性」を阻害しない分野に限定されるべきか否かは、そのいうところの「軍事的適合性」とは何かも含めて別途検討されるべき問題である。

なお、しばしば文民統制とは「政治」への「軍事」の従属などと語られ、もっぱら政治と軍事との関係として問題とされがちであるが、より広く「民（非軍事的なるもの）」と「軍」との関係、すなわち民軍関係という文脈でこの問題をとらえれば、行政レベルでの文民統制、いわゆる文「官」統制を排除するいわれはない、というのが私見である。

◇ 文「官」統制の由来

ＣＡＳＡ（「占領軍総指令部民生局別室」の略称）が強調した「Civilian Supremacy」をＣＡＳＡの二世通訳が「文官優位」または「文官統制」と訳したため、日本側の警察予備隊創設担当の人々に「Civilian」の概念について根本的な誤解を与えてしまった。すなわちそれらの人々は、警察機構において内務官僚が警察を統制する「警察官僚統制」と同じような感覚で、非警察官である予備隊本部の職員が警察官で構成されている総隊総監部を統制するという「文官優位」または「文官統制」が、「Civilian Supremacy」または「Civilian Control」であるとするように理解してしまったのである。この感覚が内局の根本的な思想として引き継がれ伝統化してしまったのであった。

〔宮崎弘毅・「防衛二法と文民統制について」防衛法研究三号三二頁〕

㈣　防衛組織法——今後と展望

自衛隊を行政各部とし、それに対する指揮監督権もこれまた行政権の中に含めるのが通説的理解であるが、

「法律による行政の原理」が妥当する余地はあまりなかったといってよい。それは、自衛隊の主たる任務の一つである「直接侵略に対しわが国を防衛する」対外的防衛作用に典型的に見られ、これには国内にあって私人を指向する「法律による行政の原理」、とりわけ「法律の留保」原則は少なくとも直接には妥当しない。

また、特に防衛出動における指揮監督権についていえば、やはりそれは一般行政上の指揮監督権とは異質ではないか、と著者は考えている。かかる指揮監督権によってなされる自衛隊の行動、とりわけ戦闘行為はもはや国内法ではなく国際法、すなわち交戦法規（今日の武力紛争法、国際人道法）の規律するところだからである。にもかかわらず、あくまでも「行政」の内側の問題と解するならば、「行政」としての部隊行動（その最たるものが戦闘行為）およびその指揮命令を「法律による行政」の観点から再構成すべきではあるまいか。

なお、交戦権につき一言ふれれば、国内法たる憲法がその九条二項でいかにわが国の交戦権を否認しようとも、ひとたびわが国が交戦状態に入るならば、交戦法規（武力紛争法、国際人道法）の適用は不可避となる。このことは、これら諸法の定める義務規定の適用を考えれば分かりやすい。交戦権の否認は交戦法規の不適用を意味するとの見解は、かかる義務規定からのわが国の解放をも意味することになるからである。加えて、交戦権が交戦法規により交戦者（通常は国家）に認められる各種の権利の総称であるとするならば、そもそも交戦権およびその否認とは交戦法規の適用を前提にして初めて語り得るといわなければならない。交戦法規の適用なくしては交戦権それ自体成立の余地がないからにほかならない（法が権利をつくる）。

いずれにせよ、自衛隊のもつ組織・作用上の特色に十分意を払った防衛法制の体系的・網羅的な構築こそが緊要な課題といえよう。とりわけ、自衛隊に対する最高指揮監命令権の法的性格付けをどうするのか、が著者からすれば重要な眼目であるように思われる。国内唯一の武力組織である自衛隊による対外的部隊行動、すなわち戦闘行為（武力行使）こそ他の一般行政機関には見られない自衛隊特有の働きであり、そのような実力組織を動か

図4　防衛庁の組織図

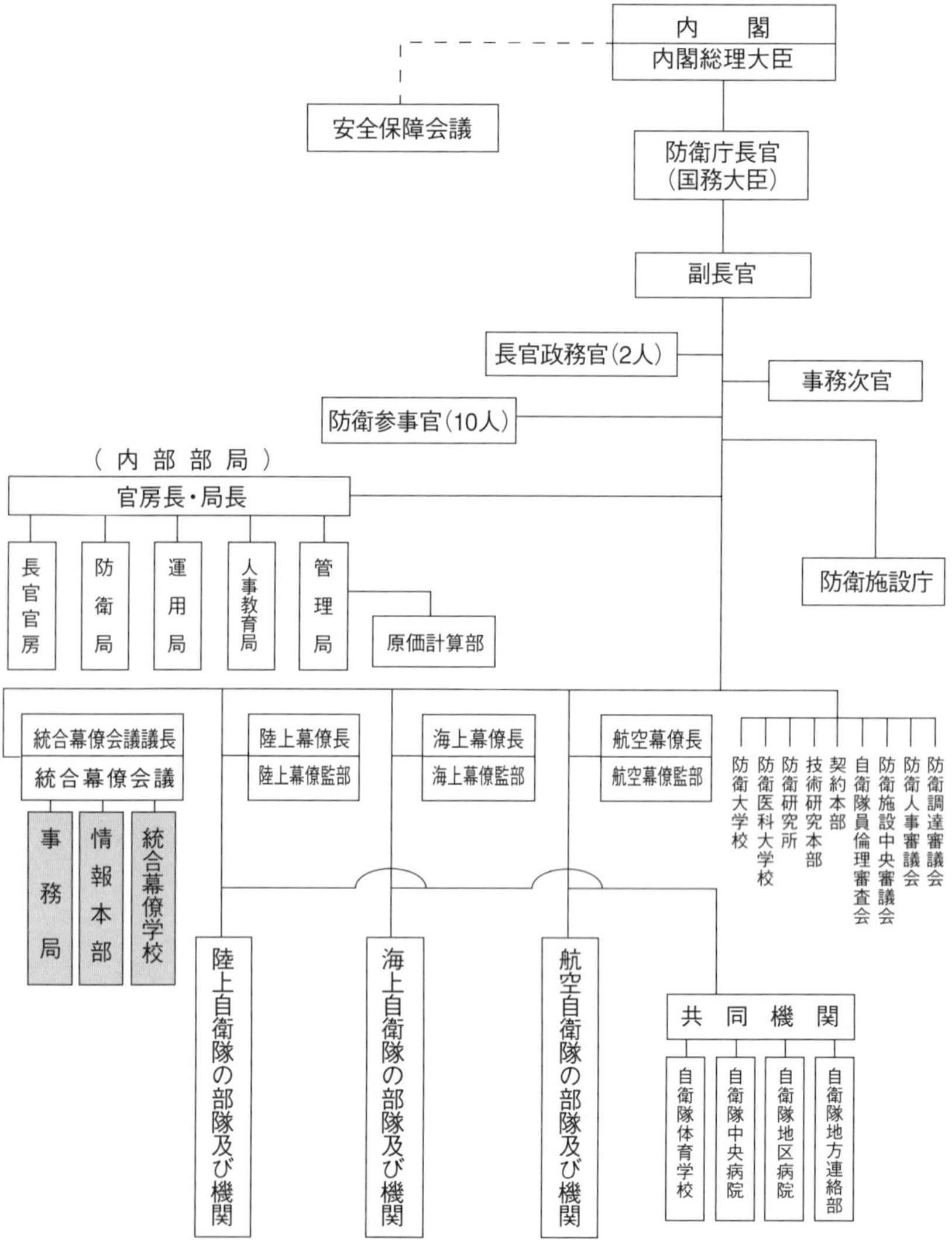

出典：『防衛白書』平成13年度版140頁より。

図5　中央省庁等改革に関連した防衛庁の組織改編

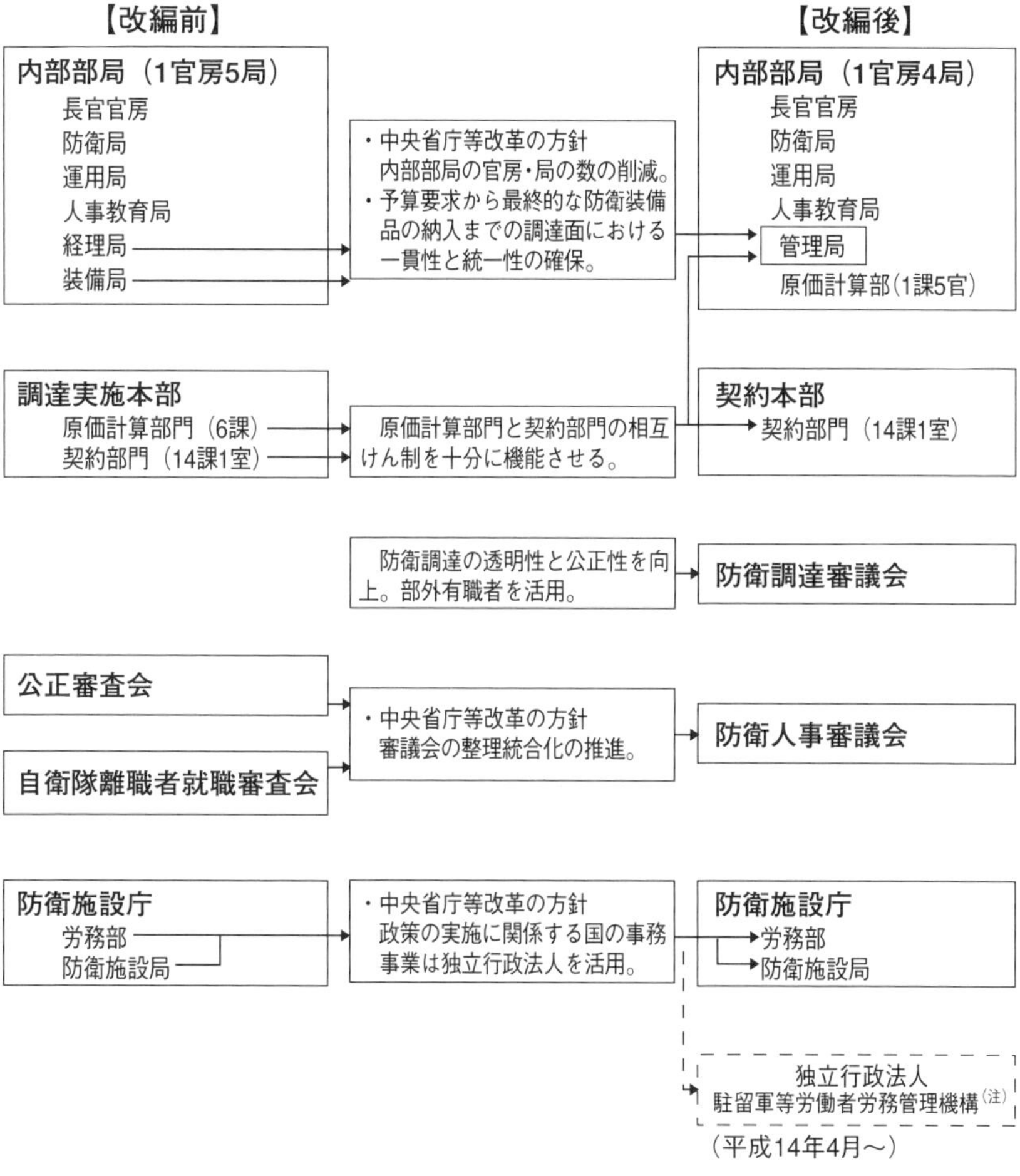

（注）　駐留軍等労働者の労務管理等事務の一部。
出典：『防衛白書』平成13年度版141頁より。

図6　防衛庁の組織の概要

組　　織	概　　　　要
陸上自衛隊 （巻末の「主要部隊などの所在地」参照一略）	○方面隊 ・複数の師団《しだん》、旅団《りょだん》やその他の直轄部隊（施設団、高射特科群など）をもって編成。 ・5個方面隊あり、それぞれ主として担当する方面の防衛に当たる。 ○師団及び旅団 戦闘部隊と戦闘部隊に対し後方支援を行う後方支援部隊などで編成。
海上自衛隊（同上一略）	○自衛艦隊 ・護衛艦隊、航空集団（固定翼哨戒《しょうかい》機部隊などからなる。）、潜水艦隊などを基幹として編成。 ・主として機動運用によってわが国周辺海域の防衛に当たる。 ○地方隊 5個の地方隊があり、主として担当区域の警備及び自衛艦隊の支援に当たる。
航空自衛隊（同上一略）	○航空総隊 ・3個の航空方面隊及び南西航空混成団を基幹として編成。 ・主として全般的な防空任務に当たる。 ○航空方面隊 航空団（戦闘機部隊などからなる。）、航空警戒管制団（航空警戒管制部隊からなる。）及び高射群（地対空誘導弾部隊からなる。）などをもって編成。
防衛大学校 （神奈川県横須賀市）	○将来の幹部自衛官を育成するための機関 一般の大学と同じく大学設置基準に準拠した教育を行うほか、将来の幹部自衛官を育成するための教育訓練を行う。 ○一般大学の修士及び博士課程に相当する理工学研究科（前期及び後期課程）及び修士課程に相当する安全保障研究科を設置。 高度の知識及び研究能力を修得させるための教育訓練を行う。
防衛医科大学校 （埼玉県所沢市）	○将来の医師たる幹部自衛官を育成するための機関 一般の大学と同じく大学設置基準に準拠した教育を行うほか、将来の医師たる幹部自衛官を育成するための教育訓練を行う。 ○一般大学の修士及び博士課程に相当する医学研究科を設置。 高度の知識及び研究能力を修得させるための教育訓練を行う。
防衛研究所 （東京都目黒区）	○防衛庁のいわばシンクタンクに当たる機関 ・自衛隊の管理及び運営に関する基本的事項の調査研究を行う。 ・戦史に関する調査研究及び戦史の編纂《へんさん》を行う。 ・幹部自衛官その他の幹部職員の教育などを行う。 ・付設の図書館では、歴史的に価値のある書籍や資料などを管理。
技術研究本部 （東京都新宿区）	○装備に関する研究開発を一元的に行う機関 ・各自衛隊の運用上の要求などに応じて研究開発を行う。 ・対象となる分野は、各自衛隊が使用する火器・車両、船舶、航空機をはじめとして被服や食糧に至るまで幅広い。
契約本部 （東京都新宿区）	○自衛隊の任務遂行に必要な装備品などの調達における契約に関する事務を一元的に行う機関 ・必要な装備品などとは、火器・弾薬、燃料、誘導武器、船舶、航空機、車両など。 ・防衛費全体の約3割に相当する予算額を執行する。 ○本部と地方機関である五つの支部で構成。
防衛施設庁 （東京都新宿区）	○自衛隊施設や在日米軍施設・区域の取得、財産管理、建設事務及び周辺対策、在日米軍に勤務する日本人従業員の労務管理、在日米軍の違法な行為により生ずる損害の賠償などの事務を行う機関 ○本庁と地方支分部局である八つの防衛施設局で構成。

出典：『防衛白書』平成13年度版142頁より。

すものがまさに最高指揮監命令権だからである。

また、交戦権を否認しつつも（国際法により認められた交戦権を国内法である憲法によって「否認」するとはいかなることか。仮に、国際法・国内法二元論に立った場合、妥当根拠を異にする二つの法秩序間において一方が付与する権利を他方が否認するということがそもそもありうるのか、といった疑問を従前より著者は抱いてきた。そのような視点からすれば、交戦権の「否認」というよりも「不行使」と語る方がより妥当であろう）、交戦法規の適用からは免れ得ないわが国にあって、まさに特殊自衛隊的防衛法制のあるべき姿が模索されるべきである。そして、この自衛隊という組織のもつ特殊性とは一方ではわが国における他の一般行政組織との関係での特殊性であり、他方では他国の実力組織（軍隊）との関係での特殊性である。まさしく、この二重の特殊性の中に著者は第九条の影を見る。

Ⅱ　自衛隊の構成員――自衛隊と隊員

自衛隊の構成要素（機関・施設等）と隊員とは必ずしも一致するものではない。以下に簡単に説明しよう。

自衛隊は、前にもふれたように、防衛庁長官（以下「長官」という）、防衛庁副長官、防衛庁長官政務官、防衛庁の事務次官、防衛参事官、防衛庁本庁の内部部局、防衛大学校、防衛医科大学校、統合幕僚会議、技術研究本部、契約本部その他の機関、陸上自衛隊、海上自衛隊、航空自衛隊及び防衛施設庁を含み（隊法二条一項）、次のものは除く。すなわち、防衛人事審議会、自衛隊員倫理審査会、防衛調達審議会及び防衛施設中央審議会（同項に規定する政令で定める防衛庁本庁の合議制の機関）、防衛施設地方審議会（同項に規定する政令で定める防衛施設庁の合議制の機関）、防衛施設庁の労務部（同項に規定する政令で定める部局及び職）である（隊法二条一項。同法施行

図7　自衛官の任用制度の概要

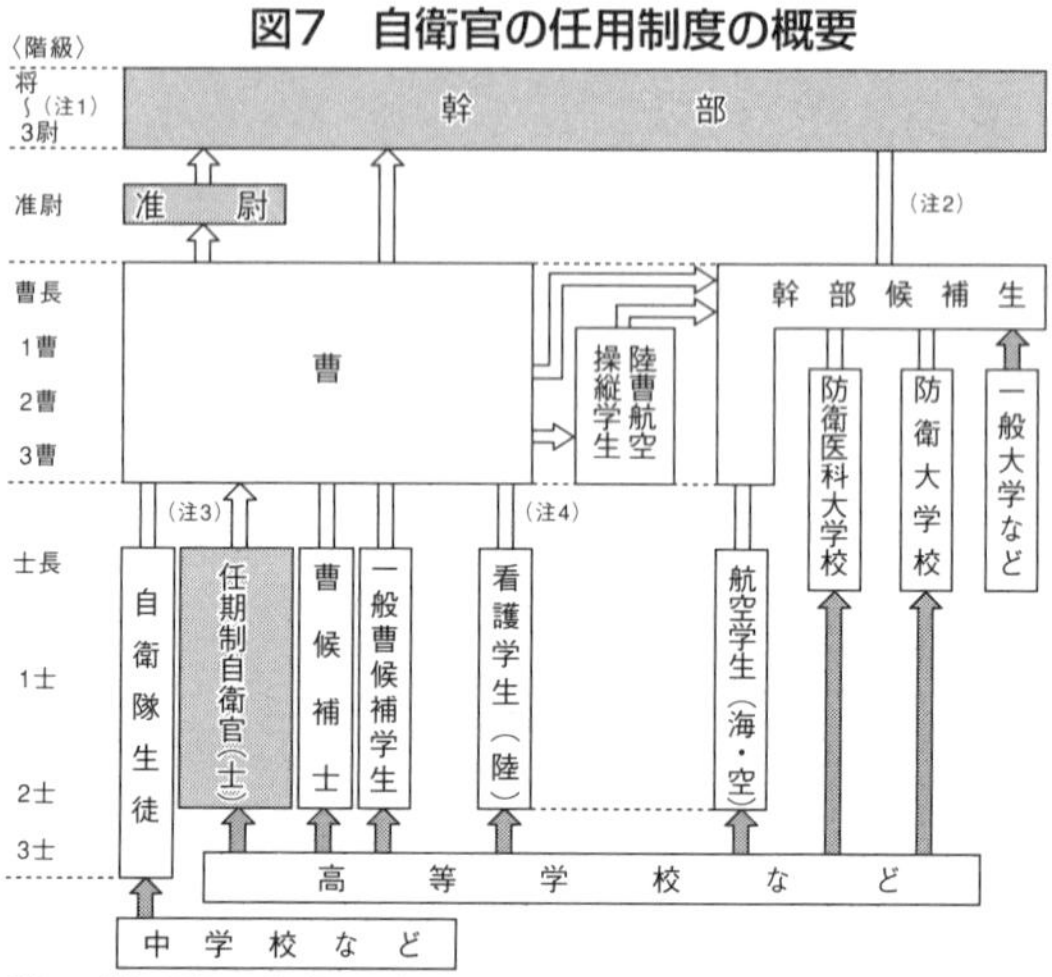

（注）1　幹部の階級は、将、将補、1佐、2佐、3佐、1尉、2尉、3尉に区分。
2　医科歯科幹部候補生は、医師、歯科医師国家試験に合格し、所定の教育訓練を修了すれば、2尉に昇任。
3　通信教育などにより、生徒教育3年終了時には高等学校卒業資格を取得可能。
4　看護婦国家試験に合格すれば、2曹に昇任。
5　➡：採用試験、⇨：試験又は選考

図8　防衛庁職員の内訳

（2001.3.31現在の定員）

防衛庁職員	特別職			防衛庁長官
				副長官
				長官政務官（２人）
		自衛隊の隊員	定員内	事務次官
				防衛参事官等 283人
				事務官等 24,108人
				自衛官 262,073人
			定員外	即応予備自衛官 4,889人
				予備自衛官 47,900人
				防衛大学校学生
				防衛医科大学校学生
				非常勤職員
	一般職	定員内		事務官等 86人
		定員外		非常勤職員

図9　自衛官の階級と定年年齢

階　　級	略　称	定年年齢
陸将・海将・空将	将	60歳
陸将補・海将補・空将補	将補	
1等陸佐・1等海佐・1等空佐	1佐	56歳
2等陸佐・2等海佐・2等空佐	2佐	55歳
3等陸佐・3等海佐・3等空佐	3佐	
1等陸尉・1等海尉・1等空尉	1尉	54歳
2等陸尉・2等海尉・2等空尉	2尉	
3等陸尉・3等海尉・3等空尉	3尉	
准陸尉・准海尉・准空尉	准尉	
陸曹長・海曹長・空曹長	曹長	
1等陸曹・1等海曹・1等空曹	1曹	
2等陸曹・2等海曹・2等空曹	2曹	53歳
3等陸曹・3等海曹・3等空曹	3曹	
陸士長・海士長・空士長	士長	—
1等陸士・1等海士・1等空士	1士	
2等陸士・2等海士・2等空士	2士	
3等陸士・3等海士・3等空士	3士	

（注）1　統合幕僚会議議長の定年年齢は62歳。
2　医師、歯科医師及び薬剤師である自衛官並びに音楽などの職務に携わる自衛官の定年年齢は別に定められている。

出典：図7〜9『防衛白書』平成13年度版143頁より。

令一条併せて参照)。

これに対し、隊員は、防衛庁の職員であるが、次のものは除かれる。今のところ、長官、防衛庁副長官、防衛庁長官政務官、防衛人事審議会・自衛隊員倫理審査会・防衛調達審議会及び防衛施設中央審議会各委員(以上、防衛庁本庁)、防衛施設地方審議会委員及び防衛施設庁の労務部に勤務する職員(以上、防衛施設庁)である(同条五項参照)。

したがって、自衛隊の隊員は自衛官とその他の隊員ということになる。

Ⅲ　自衛官――その種類と入隊

(一)　常備自衛官――入隊と定年

前掲・防衛白書を参照しつつ述べれば、わが国は徴兵制ではなく、個人の自由意思に基づき入隊するという志願制を採用(原則として試験による。隊法三五条参照)しており、そのもとで幹部候補生、曹候補者又は二等陸・海・空士などとして採用される。自衛官募集にあたっては地方公共団体の協力も得ながら、自衛隊地方連絡部(隊法に規定する「機関」の一つ。同法二四条一項四号参照)が行っている。

一般公務員と比べて自衛官の任用制度にみられる特色は、「若年定年制」と「任期制」が採用されていることにある。「若年定年制」は、一般の公務員より若い年齢で退職する制度である。他方、「任期制」は二年又は三年という期間を区切って任用する制度であって、士の多くがこの制度で採用される。このような採用の在り方は自衛隊の精強さを保つためであるが、反面、退職（除隊）後の再就職という問題を引き起こす。そこで、各自衛隊などが保有する雇用情報のネットワーク化や職業訓練科目などの充実にみられるように現在様々な再就職援護施策が講じられている（白書一四三頁以下）。

◇防衛白書による再就職のための主な施策

区分	内容
職業適性検査	敵性に応じた進路指導などを行うための検査。
技能訓練	退職後、社会において通用する技能を付与（大型特殊自動車、情報処理技術、クレーン、自動車整備、ボイラー、危険物取扱など）。
自動車操縦訓練	大型自動車免許を取得できるよう内部の施設で実施。
通信教育	定年退職予定の自衛官に対し公的資格を取得し得る能力を付与（社会保険労務士、衛生管理者、宅地建物取引主任など）。
業務管理教育	定年退職予定の自衛官に対し社会への適応性を啓発するとともに、再就職及び退職後の生活の安定を図るために必要な知識を付与。
就職補導教育	任期満了退職予定の自衛官に対し、職業選択の知識及び再就職に当たっての心構えを付与。

〔防衛白書一四五頁〕

なお、「士」であっても非「任期制」が採られる場合もある（隊法三六条二項は「前項（陸士長等、海士長等及び空士長等につき任期制を定めた一項—小針）の規定は、陸士長等、海士長等又は空士長等で、志願に基き陸曹候補者、海曹候補者又は空曹候補者の指定を受けた者のうち長官の定めるものについては、適用しない」と定める）。

◇**陸士長等、海士長等及び空士長等の定義**

陸士長等、海士長等及び空士長等とは、次のとおりである。

陸士長等：陸士長、一等陸士、二等陸士及び三等陸士

海士長等：海士長、一等海士、二等海士及び三等海士

空士長等：空士長、一等空士、二等空士及び三等空士

［隊法三六条］

陸士長等は任用期間二年、海士長等及び空士長等は任用期間三年であるが、長官の定める特殊の技能を必要とする職務を担当する陸士長等にあっては、その志願に基づき、任用期間を三年とすることができる（隊法三六条一項）。なお、任用期間満了後であっても、引き続き二年の任用期間で任用される場合もある（四項）。また、長官は、任期制自衛官が任用期間満了により退職することが自衛隊の任務遂行にとり重大な支障を及ぼすと認める場合には、当該陸士長等、海士長等又は空士長等が七六条一項の規定による防衛出動を命ぜられている場合にあっては一年以内、その他の場合にあっては六月以内に限って、任用期間を延長することができる（五項）。

なお、任期制自衛官以外の自衛官の定年及び定年による退職の特例については、隊法四五条の定めるところで、次のとおりである。

「自衛官（陸士長等、海士長等及び空士長等を除く。以下この条及び次条において同じ。）は、定年に達したときは、定年に達した日の翌日に退職する。

二項　前項の定年は、勤務の性質に応じ、政令で定める。」

◇ **自衛官の定年**

二項に規定する政令とは自衛隊法施行令（昭和二九政令一七九）であり、同施行令六〇条は「法第四十五条第二項に規定する自衛官の定年は、別表第九のとおりとする」と定める。この別表九によれば、当該自衛官の定年は次のとおりである。

①　陸・海・空将、陸・海・空将補：六〇年
②　一等陸・海・空佐：五六年
③　二等陸・海・空佐・三等陸・海・空佐：五五年
④　一等陸・海・空尉・二等陸・海・空尉・三等陸・海・空尉・准陸・海・空尉・陸・海・空曹長・一等陸・海・空曹：五四年
⑤　二等陸・海・空曹・三等陸・海・空曹：五三年

また、長官は、自衛官が定年により退職することが自衛隊の任務遂行にとり重大な支障を及ぼすと認めるときは、当該自衛官が七六条一項の規定による防衛出動を命ぜられている場合にあっては一年以内、その他の場合にあっては六月以内に限って、定年後も引き続いて自衛官として勤務させることができる（同法四五条三項）。これは一種の特例規定であるが、内容は異なるものの、同様の規定は自衛官以外の隊員についてもみられる（隊法四四条の三。なお、自衛官以外の隊員の定年及び定年による退職の特例については隊法四四条の二参照）

図10　予備自衛官補制度の概要

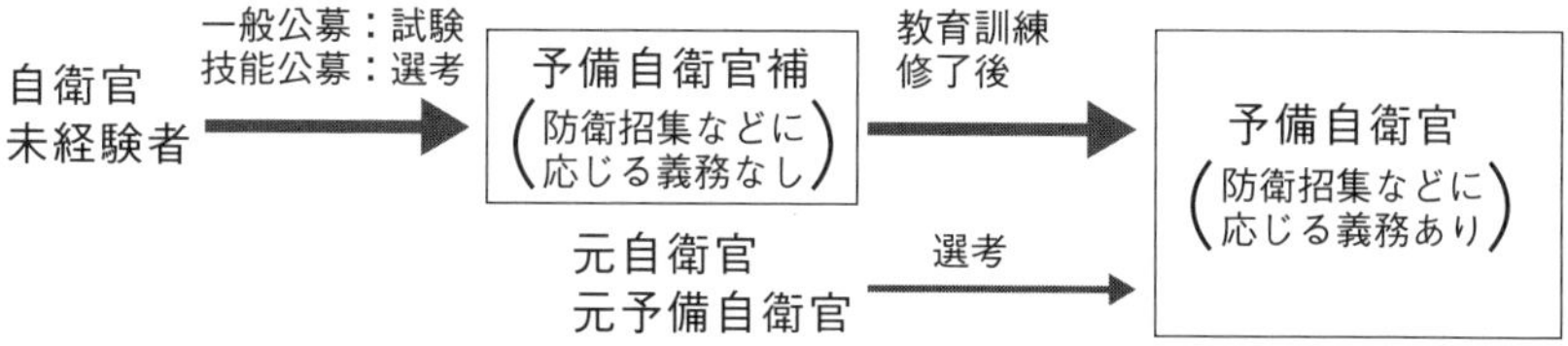

出典：図10・11『防衛白書』平成13年度版147頁より。

図11　各制度の比較

項　目	即応予備自衛官	予備自衛官	予備自衛官補
基本構想	防衛力の基本的な枠組みの一部として、防衛招集命令、治安招集命令、災害等招集命令を受けて自衛官となって、あらかじめ指定された陸上自衛隊の部隊において勤務。	防衛招集命令、災害招集命令を受けて自衛官となって勤務。（陸上自衛隊の予備自衛官については、陸上防衛力の基本的な枠組みの外にある人的勢力として確保。）	教育訓練修了後、予備自衛官として任用。
防衛招集など	防衛庁長官は、防衛出動命令などが発せられた場合若しくは事態が緊迫し、防衛出動命令などが発せられることが予測される場合又は災害派遣などを命じた場合において、必要と認めるときは、内閣総理大臣の承認を得て、各招集命令を発することができる。	防衛庁長官は、防衛出動命令が発せられた場合若しくは事態が緊迫し、防衛出動命令が発せられることが予測される場合において必要と認めるとき又は災害派遣を命じた場合において特に必要と認めるときは、内閣総理大臣の承認を得て、各招集命令を発することができる。	防衛庁長官は、防衛招集命令などを発することはできない。
採　用	自衛官であった者又は予備自衛官に任用されたことがある者の志願に基づき、選考により採用。		自衛官未経験者の志願に基づき試験（一般公募）又は選考（技能公募）により採用。
任用期間	採用の日から起算して3年。任期満了時、志願により引き続き3年を任用期間として任用。		教育訓練修了まで。（3年以内）
呼　称	指定階級に「即応予備」を冠して呼称。	指定階級に「予備」を冠して呼称。	階級は指定しないため、特定の定めを置かない。
訓練招集	1年を通じて30日の訓練に従事。	1年を通じて20日を超えない期間の訓練に従事。（現在は年5日。ただし自衛官を退職後1年未満で出身自衛隊に採用された者の初年は1日。）	3年以内で50日以内の教育訓練を受ける。
手当など	・即応予備自衛官手当：月額16,000円 ・訓練招集手当：指定階級に応じて日額14,200円～10,400円 ・勤続報奨金：1任期120,000円（良好な成績で勤務した場合） ・即応予備自衛官雇用企業給付金：1人当たり月額42,700円（年額512,400円）	・予備自衛官手当：月額4,000円 ・訓練招集手当　：日額8,100円	・教育訓練招集手当：日額7,900円

㈡　予備自衛官――採用と任用期間等（隊法六六条以下）

予備自衛官制度は、自衛隊の実力を急速かつ計画的に確保することを目的としている。予備自衛官は、防衛招集命令等（隊法七〇条一項）により招集された場合において同条三項の規定により自衛官となって勤務し（予備自衛官は、即応予備自衛官と異なり、治安招集命令による招集はなく、他方陸上自衛隊に限定されない。なお、平成一三年の隊法改正により、これまでと異なり、災害招集命令による招集もあり得ることとなった（隊法七〇条一項二号））、訓練招集命令（同法七一条一項）により招集された場合においては訓練に従事する（法六六条一項）。その員数は、四七、九〇〇人であり（平成一三年末現在、各自衛隊合わせて約四万三、〇〇〇名が採用されている）、防衛庁職員の定員外とされる（同条二項）。

この予備自衛官の採用は、自衛官であった者又は予備自衛官に任用されたことがある者の志願に基づいて、内閣府令の定めるところにより選考によって行うとされているが（隊法六七条一項）、この規定を受け、細目を定めているのが自衛隊法施行規則（昭和二九総理府令四〇）である。当該規則三二条によれば、志願者が自衛官であった時の勤務成績（なお、その者が予備自衛官又は即応予備自衛官であったときは、そのときの勤務成績を含む）に基づく選考による。ただし、防衛庁長官が必要と認めるときは口述試験もあわせて行うことができる（ちなみに、平成一三年の隊法改正により「予備自衛官補」制度が設けられ、この予備自衛官補も教育訓練の修了後予備自衛官に任用される（隊法六七条二項））。

なお、訓練招集期間は、一年を通じて二〇日をこえないものとされている（同法七一条三項）。

任用期間は、採用された日から起算して三年であり（同法六八条一項）、任用期間満了後の引き続いての志願に基づく任用期間も三年とされている（同条二項）。

また、長官は、予備自衛官が七〇条一項の規定による防衛招集命令を受け、同条三項の規定により自衛官となっている場合において、当該自衛官が予備自衛官に採用される等により退職することが自衛隊の任務遂行にとり重大な支障を及ぼすと認める場合には、当該自衛官が七六条一項の規定による防衛出動を命ぜられている場合にあっては一年以内、その他の場合にあっては六月以内に限って、任用期間を延長することができる（同条三項）。

なお、予備自衛官に対しては、予備自衛官手当及び訓練招集手当が支給される。

◇「**予備自衛官補**」**制度の概要**（平成一三年隊法改正による）

この制度の目的は、「将来にわたり、予備自衛官の勢力を安定的に確保し、民間の優れた専門技術を有効に活用すること」（同白書一四七頁）にある。予備自衛官補は教育訓練終了後、予備自衛官として任用されるが、防衛庁長官は防衛招集命令などを発することはできない。その採用は、自衛官未経験者の志願に基づき試験（一般公募）又は選考（技能公募）による。任用期間は教育訓練修了までで、三年以内とされている。呼称については、階級の指定がないため、特定の定めは置かれていない。三年以内で五〇日以内の教育訓練を受け、その対価として教育訓練招集手当を支給される。ただし、予備自衛官手当の支給はない。

このように、自衛隊の兵力量確保の構想は「国民に広く自衛隊に接する機会を設け」る形を取りながら、静かにしかし着実に進行している。これが、自衛隊の今日的姿の一端である。

［平成一三年版防衛白書による］

㈢　即応予備自衛官——採用と任用期間等（隊法七五条の二以下）

即応予備自衛官制度は、平時における効率的な部隊の保持や事態の推移に対応し得る弾力性を確保するため、陸上自衛隊に導入されたと、一般に説明されている。従来の予備自衛官が後方の警備、後方支援、基地の警備などの任務に当たるのに対して、即応予備自衛官は、常備自衛官とともに第一線部隊の一員として運用され、それを主体として部隊も編成される。そのほか、自衛隊の治安出動、災害派遣、地震防災派遣に際して、常備自衛官から編成される部隊だけでは対応が不十分な場合には、部隊として活動する。

この即応予備自衛官は、退職自衛官又は予備自衛官のうち志願する者から選考され、平成一三年末現在、その規模は約四、三〇〇人となっている（平成一三年六月の隊法改正により、予備自衛官補から予備自衛官に任用されたことのある者が新たに採用対象に加わった）。それはまた、防衛招集命令・治安招集命令・災害等招集命令により招集された場合（予備自衛官と異なり、防衛招集命令による招集に限られないが、勤務は陸上自衛隊に限定される）、自衛官としてあらかじめ指定された陸上自衛隊の部隊において勤務し（同法七五条の四第三項）、訓練招集命令（同法七五条の五第一項）により招集された場合においては訓練に従事する（同法七五条の二第一項）。なお、陸上自衛隊の部隊指定は、長官又はその委任を受けた者が行う（同法七五条の三）。即応予備自衛官の員数は、五、七二三人とし、防衛庁の職員の定員外とされる（同法七五条の二第二項）。訓練招集期間は、一年を通じて三〇日を超えない範囲内で内閣府令で定める期間とされている（同法七五条の五第三項）。また、同法七五条の八は準用を定めており、予備自衛官にかかる六七条から六九条の二まで及び七三条から七五条までの規定が即応予備自衛官に準用される。したがって、採用、任用期間及びその延長等は予備自衛官に準ずる。

なお、即応予備自衛官の雇用に伴い生ずる企業側の様々な負担（例えば、訓練出頭などのための休暇制度の整備、職場不在間における業務ローテーションの変更、代替者の確保など）に報いるべく、企業等の申請に基づき、「即応予備自衛官雇用企業給付金」を支給することとしている。反面、この給付金支給によって即応予備自衛官が安心して訓練招集などに出頭できるようにする狙いもある（即応予備自衛官制度の問い合わせ先及び即応予備自衛官雇用企業給付金の支給機関は、自衛隊地方連絡部）。

Ⅳ　自衛官の服務関係——反戦自衛官懲戒処分事件にふれて

以下において、隊員の服務関係を国家公務員法（以下「国公法」という。）に規定する一般職国家公務員のそれと比較対照しながら考察する。

服務に関する国公法と隊法との対応関係を一瞥すれば、おおよそ次のとおりである（上が国公法、下は隊法）。

①　国公法と隊法とにほぼ共通にみられる服務規定

（服務の根本基準）九六条：（服務の本旨）五二条

（服務の宣誓）九七条：（服務の宣誓）五三条

（法令及び上司の命令に従う義務並びに争議行為等の禁止）九八条：（上官の命令に服従する義務）五七条・（団体の結成等の禁止）六四条

（信用失墜行為の禁止）九九条：（品位を保つ義務）五八条

（秘密を守る義務）一〇〇条：（秘密を守る義務）五九条

（職務に専念する義務）一〇一条：（職務に専念する義務）六〇条
（政治的行為の制限）一〇二条：（政治的行為の制限）六一条
（私企業からの隔離）一〇三条：（私企業からの隔離）六二条
（他の事業又は事務の関与制限）一〇四条：（他の職又は事業の関与制限）六三条

②　国公法にのみみられる服務規定
（職員の職務の範囲）一〇五条
（勤務条件）一〇六条

③　隊法にのみみられる服務規定
（勤務態勢及び勤務時間等）五四条
（指定場所に居住する義務）五五条
（職務遂行の義務）五六条
（防衛医科大学校卒業生の勤続に関する義務）六四条の二

㈠　国公法と隊法とにほぼ共通にみられる服務規定

隊法を中心としながら、これらの服務規定を簡単なコメントを付して概観する。

なお、それに先だって一言申し添えれば、ドイツ公法学に端を発する、これまでの伝統的な公法学説は、個人が特別な法律上の原因又は本人の意思によって一般国民が服さないような公法上の特別な支配関係に立ち入ることがあるとして、これを「特別権力関係」と呼んできた。そして、その関係においては次のような特殊性が認められると説く（松本和彦「特別権力関係と人権」憲法の争点第三版参照）。

第一に、法律の根拠なしに包括的な支配権を行使できる（法治主義の排斥）。

第二に、基本的人権を中心とした個人権を広範に制限することができる（個人権の排斥）。

第三に、行為の適法性に関して裁判所の審査に服さない（司法審査の排斥）。

しかしながら、このような「三つの排斥」を内包する包括的支配関係、すなわち「特別権力関係」はもはや現行憲法の下にあって、少なくともそのままの形では受け入れられるものではない。事実、判例・学説ともほとんど支持するに至っていない。加えて、その発祥の地、ドイツにおいても今日「特別権力関係」論からの決別がみられるのであって、種々雑多な法関係を「特別権力関係」に一括して、そこに包括的な支配関係を認める、というような手荒な「特別権力関係」論は否定されつつある。したがって、この問題は統一的・包括的ではない、多種多様な特別の地位関係として再構成され、その個々具体的な法関係における法目的からする基本権の制限問題としてとらえられることとなる。すなわち、このような個々の特殊な法関係において、いかなる個人権が、いかなる理由で、どの程度制限されうるか、ということが個別具体に検討されなければならないのである。

わが国の最高裁判例も憲法の個人権保障の効果はこれまで「特別権力関係」とされてきた法関係にも及ぶと解しつつ、この特殊な法関係における個人権保障に対する規制もそれが合理的でやむを得ない範囲のものであるならば「一般権力関係」と異なる規制も許されるという立場をとる。ただし、最高裁は「特別権力関係」という語の使用を注意深く避けている。

以下に述べる隊員の法関係もこのような理解を前提にしている。
(i)　服務の本旨（隊法五二条）と服務の根本基準（国公法九六条）
「隊員は、わが国の平和と独立を守る自衛隊の使命を自覚し、一致団結、厳正な規律を保持し、常に徳操を養い、人格を尊重し、心身をきたえ、技能をみがき、強い責任感をもって専心その職務の遂行にあたり、事に臨んでは危険を顧みず、身をもって責務の完遂に努め、もって国民の負託にこたえることを期するものとする。」（隊法五二条）

（服務の根本基準）「① すべて職員は、国民全体の奉仕者として、公共の利益のために勤務し、且つ、職務の遂行に当っては、全力を挙げてこれに専念しなければならない。

② 前項に規定する根本基準の実施に関し必要な事項は、この法律又は国家公務員倫理法に定めるものを除いては、人事院規則でこれを定める。」（国公法九六条）

隊法と国公法とを比べると、前者が「一致団結、厳正な規律を保持し、（中略）心身をきたえ」と定め、「事に臨んでは危険を顧みず、身をもって責務の完遂に努め」と謳いあげている点が極めて特徴的である。まさに武力組織なればこそというべきであろう。とりわけ、「危険を顧みず、身をもって」とは隊員に対し生命《いのち》をも惜しまない責務の遂行を暗々裏に求めているものと解される。ここまでの責務遂行の要請は一般の公務員にはみられない。ちなみに、緊急避難を定める刑法三七条一項は同条二項により「業務上特別の義務がある者には、適用しない」とされている。船長（船員一二）がその例とされるが、隊員はそれ以上に該当するものと解される。

(ii)　服務の宣誓（隊法五三条、国公法九七条）

「隊員は、内閣府令で定めるところにより、服務の宣誓をしなければならない。」（隊法五三条）

「職員は、政令の定めるところにより、服務の宣誓をしなければならない。」（国公法九七条）

＊　参考例をあげれば、「一般の服務の宣誓」（隊法施行規則三九条）は次のとおりである。

「私は、わが国の平和と独立を守る自衛隊の使命を自覚し、日本国憲法及び法令を遵守し、一致団結、厳正な規律を保持し、常に徳操を養い、人格を尊重し、心身をきたえ、技能をみがき、政治的活動に関与せず、強い責任感をもって専心職務の遂行にあたり、事に臨んでは危険を顧みず、身をもって責務の完遂に努め、もって国民の負託にこたえることを誓います。」

「日本国憲法及び法令を遵守し」及び「政治的活動に関与せず」の箇所を除けば、この宣誓は「服務の本旨」とほぼ同じである。

(iii)　上官の命令に服従する義務（隊法五七条）と法令及び上司の命令に従う義務（国公法九八条）

「隊員は、その職務の遂行に当っては、上官の職務上の命令に忠実に従わなければならない。」（隊法五七条）

「①　職員は、その職務を遂行するについて、法令に従い、且つ、上司の職務上の命令に忠実に従わなければならない。」（国公法九八条）

上官・上司の命令への服従義務についていえば、隊法にあっては抗命又は命令不服従に対し刑罰制裁が科されるが（隊法一一九〜一二二条）、国公法上このような刑罰制裁規定はみられず、懲戒免職を限度とする。この違いは、武力組織の構成員たる隊員の職務の有する特殊性に由来するといえる。戦場における部隊行動、例えば戦闘行為を考えるならば、指揮命令関係に基づき指揮系統上の上官により発せられた命令が不服従や抗命という形で部下により履行されないとするならば、部隊行動の統一性は確保し難く、これは部隊の内部混乱をもたらし、ひいては部隊壊滅という最悪の事態すら招来しかねない。このような観点に立てば、武力組織における命令服従義務は通常の行政組織の比ではないのである。

ただ、この服従義務についていては、上官の命令に対する絶対的服従を求める在り方と所定の場合には服従を拒むことができるとする、否それどころか拒まなければならない義務を課す在り方とがみられる。前者は絶対的服従主義であり、後者は相対的服従主義である。この主義の違いは、違法な上官の命令に対する服従により負うべき部下の法的責任に違いをもたらす。絶対的服従主義にあっては法的責任は上官が負うべきであり、部下の法的責任を語る余地は原則的には認められない。しかしながら、相対的服従主義では命令拒否の可能性や拒否義務が認められている以上、部下は単に上官の命令を持ち出すだけでは自己の法的責任を免れることはできない。

ところで、隊法では抗命や命令不服従に対し事態の違いに応じて、科せられる刑罰に軽重の違いをつけている。次のように整理できよう（西修他『日本の安全保障法制（以下「安全保障法制」という）』二一三頁（内外出版、平成一三）参照）。

① 上官の職務上の命令に反抗し、又はこれに服従しない者
② 上官の職務上の命令に対し多数共同して反抗した者
③ 上官の職務上の命令に違反して自衛隊の部隊を指揮した者

①について
・治安出動命令時三年以下の懲役又は禁こ
・防衛出動命令時七年以下の懲役又は禁こ

②について
・治安出動命令時五年以下の懲役又は禁こ
・平常時三年以下の懲役又は禁こ

③について
・平常時三年以下の懲役又は禁こ
・治安出動命令時五年以下の懲役又は禁こ
・防衛出動命令時七年以下の懲役又は禁こ

なお、①に掲げる行為を教唆若しくはほう助した者、②③に掲げる行為の遂行を共謀し、教唆し、若しくはせ

ん動した者も同罪に処せられる。

(iv)　品位を保つ義務（隊法五八条）と信用失墜行為の禁止（国公法九九条）

「①　隊員は、常に品位を重んじ、いやしくも隊員としての信用を傷つけ、又は自衛隊の威信を損するような行為をしてはならない。

②　自衛官及び学生は、長官の定めるところに従い、制服を着用し、服装を常に端正に保たなければならない。」（隊法五八条）

「職員は、その官職の信用を傷つけ、又は官職全体の不名誉となるような行為をしてはならない。」（国公法九九条）

隊法同条につき、自衛隊がその職務を円滑に遂行するために必須の条件は、国民の信頼を得ることであるとして、前掲・安全保障法制は「品位を保つ義務」を次のように説く。「（それは）自衛隊の対外的信用の増進のため、隊員に職務の内外で隊員たるにふさわしい行動をとるよう義務づけるものである」（二〇二頁）と。「品位を保つ義務」一般については、このような説明でよい。

著者がここで特に注目したいのは隊員たる自衛官に制服の着用義務等が課されている点である。そこには、制服という形が品位ある行為、すなわち行為の実質を規定するという意味で、一種の形式主義がみられる。これは決して非難の意味を込めて語っているのではない。人間はある面で弱い存在である。形にとらわれることなく中身で勝負とよくいわれるが、そうたやすいことではない。ともすれば、服装の乱れが振る舞いの乱れともなりやすいことは、世の常である。それが、個人レベルにとどまるならば、問題はそれほど大きくはない。しかし、それが部隊行動の乱れとなれば事は重大である。自衛官にとって制服とはまさに友敵の識別という機能性に加えて、部隊としての一体性及び部隊行動の統一性という「形」の象徴的表現とも語ることができよう。

ところで、自衛官の制服については「自衛官服装規則」（昭和三二防衛庁訓令四）が詳細に定めているところである。その三条は、制服等の着用心得につき規定しており、次のように定める。

「自衛官は、この訓令の定めるところに従い、正しく制服等を着用し、服装及び容儀を端正にし、自衛隊員としての規律と品位を保つように努めなければならない。」

さらに、同規則七条は、「自衛官は、通常、常装をするものとする」と定める。そして、「常装」には「冬服」・「第一種夏服」・「第二種夏服」・「第三種夏服」がある（同規則別表第一〜第六）。「制服」が自衛官にとってこのようなものだとするならば、「制服」を着用した自衛官はもはや単なる一私人ではない。制服自衛官の表現行為が取り立てて問題視されるゆえんでもある。この問題には別途ふれることにする。

(v)　秘密を守る義務（隊法五九条、国家公務員法一〇〇条）

「①　隊員は、職務上知ることのできた秘密を漏らしてはならない。その職を離れた後も、同様とする。

②　隊員が法令による証人、鑑定人等となり、職務上の秘密に属する事項を発表する場合には、長官の許可を受けなければならない。その職を離れた後も、同様とする。

③　前項の許可は、法令に別段の定がある場合を除き、拒むことができない。」（隊法五九条）

＊　二項の法令としては、議院における証人の宣誓及び証言等に関する法律五条、民事訴訟法二七二・三〇一・三〇九条、刑事訴訟法一四四・一六五条がある。他方、三項の別段の定めとしては、議院における証人の宣誓及び証言等に関する法律五条二項・三項、刑事訴訟法一四四条但書があげられる。

「①　職員は、職務上知ることのできた秘密を漏らしてはならない。その職を離れた後といえども同様とする。

②　法令による証人、鑑定人等となり、職務上の秘密に属する事項を発表するには、所轄庁の長（退職者について

は、その退職した官職又はこれに相当する官職の所轄庁の長）の許可を要する。
③　前項の許可は、法律又は政令の定める条件及び手続に係る場合を除いては、これを拒むことができない。
④　前三項の規定は、人事院で扱われる調査又は審理の際人事院から求められる情報に関しては、これを適用しない。何人も、人事院の権限によって行われる調査又は審理に際して、秘密の又は公表を制限された情報を陳述し又は証言することを人事院から求められた場合には、何人からも許可を受ける必要がない。人事院が正式に要求した情報について、人事院に対して、陳述及び証言を行わなかった者は、この法律の罰則の適用を受けなければならない。」
（国公法一〇〇条）

秘密を守る義務（以下「守秘義務」という。）にかかる主要論点として、「実質秘」と「形式秘」、「職務上知ることのできた秘密」と「職務上の秘密」、「防衛秘密保護法制」の三点をひとまずあげることができる。

第一に、「実質秘」と「形式秘」についてふれれば、徴税トラの巻事件の上告審決定（最二小決昭和五二・一二・一九刑集三一巻七号一〇五三頁）において最高裁は実質秘説の立場に立ち、「国家機関が単にある事項につき形式的に秘扱の指定をしただけでは足りず、右『秘密』とは、非公知の事項であって、実質的にもそれを保護するに価すると認められるものをいう」と判示した。要するに、実質秘＝「非公知性」＋「秘密としての要保護性」という等式をもって語ることができる。

第二に、「職務上知ることのできた秘密」と「職務上の秘密」について、著者は次のように考える。まず、職員の所管に属するか否かによって二つの秘密を区別する。前者の「職務上知ることのできた秘密」には職員の「所管に属する秘密」と直接所管そのものに属するわけではないが、職務遂行に伴いたまたま知った秘密（例えば、教員が児童、生徒の家庭訪問の折り、たまたま知ったその家庭の私的な事情など。鹿児島重治『逐条地方公務員法』五四二頁（学陽書房、平成一〇）参照）が含まれる。これに対して、後者の「職務上の秘密」は当該所管に属する秘密（税務職員が保管する滞納整理簿に記載された特定個人の滞納額など。鹿児島・前掲書同頁）のみである。

次に、保護法益の内容（秘密の対象（内容））の違いにより「公的秘密（公に関する秘密）」と「個人的秘密（個人・企業に関する秘密）」とが区別される。したがって、「職務上知ることのできた秘密」か「職務上の秘密」かの区別は、「公的秘密」か「個人的秘密」か否かの区別と直ちには結びつかないこととなる。前者の区別は、あくまでも職員の所管に拠るべきものと解する。

ところで、守秘義務違反に科される罰則という点で、隊員と一般職公務員とを比較すると、何れも罰則が「一年以下の懲役又は三万円以下の罰金」（隊法一一八条一項一号、国公法一〇九条一二号）であり、全く同一である。これは、正直、著者にとりいささか驚きである。というのも、日米相互防衛援助協定等にかかる「防衛秘密」を除けば、およそ防衛に関する秘密には一般行政上の秘密と同程度の法的保護しか与えられていないからである。防衛・外交情報は国家安全保障情報として格別に扱われてしかるべきと考えるが、このような発想は日米相互防衛援助協定等がらみの情報を除けば現行法制上みられない（ただし、後述するように平成一三年一一月二日の隊法改正により新たに日本版「防衛秘密」保護規定が新設された）。

ちなみに、この問題にとって参考となるのが「秘密保全に関する訓令」（昭和三三防衛庁訓令一〇二号。昭和二八保安庁内訓一の全部改正）で、それは上記「防衛秘密」等以外の秘密の保全に関して定めるものである。このことは、「この訓令は、日米相互防衛援助協定等に伴う秘密保護法（昭和二九年法律第一六六号）に規定する防衛秘密及びその他別に定める秘密の保護に関するものを除き、防衛庁における秘密の保全のため必要な措置を定めることを目的とする」と規定する同訓令一条から明らかであろう。

また、同訓令五条は、次のように秘密を「機密」・「極秘」・「秘」と三分する。

◉「機密」とは、秘密の保全が最高度に必要であって、その漏えいが国の安全又は利益に重大な損害を与えるおそれのあるものをいう。
◉「極秘」とは、機密につぐ程度の秘密の保全が必要であって、その漏えいが国の安全又は利益に損害を与えるおそれのあるものをいう。
◉「秘」とは、極秘につぐ程度の秘密の保全が必要であって、関係職員以外の者に知らせてはならないものをいう。

さらに、秘密の文書又は図画の保管についていえば、「機密」及び「極秘」は三段式文字盤かぎのかかる金庫または鋼鉄製の箱に保管し、他方「秘」は文字盤かぎのかかる鋼鉄製の箱に保管することとされている（同訓令三九条）。このように、秘密保全の必要度の違いに応じて、保管の容器も異なるが、これは文書または図画にいえることであって誠に古典的、伝統的な保管方法といえる。

第三に、「防衛秘密保護法制」について簡単にふれれば、二〇〇一（平成一三）年一一月までわが国には独自のものとしてこのような法制はみられなかった。こと「防衛秘密」の保護法制として存するのは、「日本国とアメリカ合衆国との間の相互防衛援助協定（昭和二九条約六）」を根拠とする日米相互防衛援助協定等に伴う秘密保護法を基軸とした法制のみであった（秘密保護の中心的な対象は、あくまでもアメリカ合衆国政府から供与された装備品等についての事項及び供与された情報である。なお、併せて参照、日米地位協定に伴う刑事特別法六条）。同法は防衛秘密の定義を行うとともに漏えい等に対する罰則を定め、同法を実施する施行令は防衛秘密を三分している。

＊「防衛秘密保護法制」の流れ図を示せばこうである。
◉日本国とアメリカ合衆国との間の相互防衛援助協定（昭和二九条約六）
（法形式は「条約」で、防衛秘密の根拠を定める）
↓

◉日米相互防衛援助協定等に伴う秘密保護法（昭和二九法律一六六）
（法形式は「法律」で、防衛秘密の定義・罰則を定める）
↑
◉日米相互防衛援助協定等に伴う秘密保護法施行令（昭和二九政令一四九）
（法形式は「政令」で、防衛秘密の区分、すなわち「機密」・「極秘」・「秘」を定める）
↑
◉防衛秘密の保護に関する訓令（昭和三三防衛庁訓令五一）
（法形式は行政組織の内部規則である「訓令」で、防衛秘密の保護・保管等を定める）

以下、いくつかの要点にふれよう。

第一に、一般の秘密漏えいに科せられる罰則と比べると、格段に重罰化されているということである。自由刑は一年以下の禁こから一〇年以下の懲役まで、罰金刑は三万円以下から五万円以下まで定められていること。

第二に、単に漏えいのみならず、わが国の安全を害すべき用途に供する目的をもって、または不法な方法で、「防衛秘密を探知し、又は収集した者」も刑罰制裁の対象とされること（同法三条一項一号）。すなわち、「漏示（えい）罪」のみならず、「探知罪」も設けられているということである。これは一般の守秘義務違反にはみられない。

第三に、防衛秘密が三分されている点では、秘密保全の場合と同様であるが、規定の表現上微妙な違いもみとめられること（同法施行令一条）。

◉「機密」とは、秘密の保護が最高度に必要であって、その漏えいがわが国の安全に対し、特に重大な損害を与えるおそれのあるものをいう。

◉「極秘」とは、秘密の保護が高度に必要であって、その漏えいがわが国の安全に対し、重大な損害を与えるおそれのあるものをいう。
◉「秘」とは、秘密の保護が必要であって、機密及び極秘に該当しないものをいう。

第四に、防衛秘密の保護に関する訓令（昭和三三防衛庁訓令五一号。昭和二九防衛庁訓令二三の全面改正）は、その一条で「この訓令は、防衛庁における防衛秘密の保護のため必要な措置を定めることを目的とする」と規定し、同訓令の規制対象があくまでも「防衛秘密」の保護に必要な措置であることを明文化していること。したがって、「防衛秘密」以外の秘密保全については前述の「秘密保全に関する訓令」をもって対処することとなる。秘密保護・保全の二元化といってよい。

ところで、「防衛秘密」に属する文書又は図画の保管については防衛秘密の保護に関する訓令三四条の定めるところで、次のとおりである。
◉機密は、三段式文字盤かぎのかかる金庫
◉極秘は、三段式文字盤かぎのかかる鋼鉄製の箱
◉秘は、かぎのかかる鋼鉄製の箱

ただし、このような保管方法が今日のサイバー（電脳）社会にあっても今なお有効適切かの問題は改めて論ぜられるべきであろう。

なお、陸上自衛隊服務規則七条には「自衛官は、常に秘密の保全意識を高め、言動を慎み、自衛隊の秘密が漏れないようにしなければならない」と定められている。このことにふれて、ひとまず守秘義務は終えることとする。

＊　なお、既に述べたように、「自衛隊法の一部を改正する法律」（平成一三・一一・二法律一一五）により、「防衛

秘密」に関する九六条の二が新設され、一二二条は罰則を定め、防衛庁長官が指定する防衛秘密を漏えいした「防衛秘密を取り扱うことを業務とする者（自衛隊員に限定されない）」は五年以下の懲役に処せられることとなった（一項）。その未遂罪も処罰の対象となり（二項）、又過失により漏えいした者も一年以下の禁錮《こ》又は三万円以下の罰金に処せられる（三項）。加えて、一項に規定する行為の遂行を共謀し、教唆し、又は煽動した者も三年以下の懲役に処せられる（四項）。

ちなみに、この改正に伴い「日米相互防衛援助協定等に伴う秘密保護法」の一部が改正され、本則中の「防衛秘密」が「特別防衛秘密」に改められた。

(vi)　職務に専念する義務

「①　隊員は、法令に別段の定がある場合を除き、その勤務時間及び職務上の注意力のすべてをその職務遂行のために用いなければならない。

②　隊員は、法令に別段の定めがある場合を除き、防衛庁以外の国家機関の職若しくは独立行政法人通則法（平成十一年法律第百三号）第二条第二項に規定する特定独立行政法人（次項及び第六十三条において「特定独立行政法人」という。）の職を兼ね、又は地方公共団体の機関の職に就くことができない。

③　隊員は、自己の職務以外の防衛庁の職務を行い、又は防衛庁以外の国家機関の職若しくは特定独立行政法人の職を兼ね、若しくは地方公共団体の機関の職に就く場合においても、内閣府令で定める場合を除き、給与を受けることができない。」（隊法六〇条）

＊　隊法六〇条一項に規定する「別段の定め」としては隊法施行規則四四～四九条、同条二項に規定する「別段の定め」としては同規則六〇条一項、同条三項に規定する「内閣府令」としては同規則六〇条二項がそれぞれあげられる。

「①　職員は、法律又は命令の定める場合を除いては、その勤務時間及び職務上の注意力のすべてをその職責遂行のために用い、政府がなすべき責を有する職務にのみ従事しなければならない。職員は、法律又は命令の定める場合を除いては、官職を兼ねてはならない。職員は、官職を兼ねる場合においても、それに対して給与を受けてはならない。

②　前項の規定は、地震、火災、水害その他重大な災害に際し、当該官庁が職員を本職以外の業務に従事させることを妨げない。」（国公法一〇一条）

職務に専念する義務、すなわち職務専念義務は公務員に共通の義務といってよく、その意味では「隊員」と「職員」との間に決定的な差は認められない。ただ、気づいた若干の点を指摘しておこう。

第一に、兼職等の場合「隊員」にあっては、内閣府令で定める場合には給与を受けることができるにもかかわらず、「職員」の方は、こと給与に関する限り、それを受けることはおよそできないこと。したがって、「法律又は命令の定める場合を除いては」という国公法のくだりは職員についてはあくまでも兼職禁止原則の縛りを解くにとどまり、給与の受領にまでは及ばないこととなる。文面上はこのように解するほかはない。事実、隊員の「兼職」につき規定する隊法施行規則六〇条二項では兼職等の「勤務時間のうち当該隊員の防衛庁における職の勤務時間と重ならない部分に対しては、給与を受けることができる」と定めている。

第二に、「職員」にあっては「地震、火災、水害その他重大な災害に際し、当該官庁が職員を本職以外の業務に従事させることを妨げない」と定められているが、他方「隊員」についてはこのような規定はみられないこと。これは、およそ隊員を本職以外の業務には従事させないことを意味するのか、解釈上の一つの争点となりうる。

(vii)　政治的行為の制限

「①　隊員は、政党又は政令で定める政治的目的のために、寄附金その他の利益を求め、若しくは受領し、又は何らの方法をもってするを問わず、これらの行為に関与し、あるいは選挙権の行使を除くほか、政令で定める政治的行為をしてはならない。

②　隊員は、公選による公職の候補者となることができない。

③　隊員は、政党その他の政治的団体の役員、政治的顧問その他これらと同様な役割をもつ構成員となることができない。」（隊法六一条）

＊　一項の政令で定める政治的目的：隊法施行令八六

一項の政令で定める政治的行為：隊法施行令八七

一項違反の罰則：隊法一一九①一

立候補のための公務員の退職：公職選挙法九〇条

政治活動に関する寄付又は政治資金パーティーの対価の支払への公務員の関与等の制限：政治資金規正法二二の九

「①　職員は、政党又は政治的目的のために、寄附金その他の利益を求め、若しくは受領し、又は何らの方法を以てするを問わず、これらの行為に関与し、あるいは選挙権の行使を除く外、人事院規則で定める政治的行為をしてはならない。

②　職員は、公選による公職の候補者となることができない。

③　職員は、政党その他の政治的団体の役員、政治的顧問、その他これらと同様な役割をもつ構成員となることはできない。」（国公法一〇二条）

公務員の政治的行為、とりわけ表現行為の制限をめぐる問題は憲法解釈上の一つの難問といってよい。一般職国家公務員の人事院規則（国公法一〇二条一項、一一〇条一項一九号参照）による政治活動の規制の合憲性をめぐる猿払《さるふつ》事件において、最高裁大法廷は概要次のような理由により、このような規制を違憲とする主張を斥けた

（最大判昭和四九・一一・六刑集二八巻九号三九三頁）。

「行政の中立的運営」・「これに対する国民の信頼の確保」は憲法の要請にかなうものであり、「公務員の中立性の維持」は国民の重要な利益である。したがって、「公務員の政治的中立性を損なうおそれのある公務員の政治的行為を禁止することは、それが合理的で必要やむをえない限度にとどまるものである限り、憲法の許容するところである。」

ただし、公務員の「全体の奉仕者性」が規制理由の一つとされていない点は注意を要する。国家公務員の職には一般職と特別職の二種があり、後者の特別職国家公務員には内閣総理大臣や国務大臣などの政治職的公務員も含まれており、とすれば政治活動をその職務とするこれらの公務員に対し政治的行為の制限をくわえるのは理に反するといわなければならない。最高裁判例が公務員の「全体の奉仕者性」を理由としなかったのも、このような事情に鑑みてのことと推察される。

なお、制服自衛官の表現行為については、事案を取り上げ、別途論ずることにしたい。

(viii)　団体の結成等・争議行為等の禁止

「①　隊員は、勤務条件等に関し使用者たる国の利益を代表する者と交渉するための組合その他の団体を結成し、又はこれに加入してはならない。

②　隊員は、同盟罷業、怠業その他の争議行為をし、又は政府の活動能率を低下させる怠業的行為をしてはならない。

③　何人も、前項の行為を企て、又はその遂行を共謀し、教唆し、若しくはせん動してはならない。

④　前三項の規定に違反する行為をした隊員は、その行為の開始とともに、国に対し、法令に基いて保有する任用上の権利をもって対抗することができない。」（隊法六四条）

「②　職員は、政府が代表する使用者としての公衆に対して同盟罷業、怠業その他の争議行為をなし、又は政府の活動能率を低下させる怠業的行為をしてはならない。又、何人も、このような違法な行為を企て、又はその遂行を共謀し、そそのかし、若しくはあおってはならない。

③　職員で同盟罷業その他前項の規定に違反する行為をした者は、その行為の開始とともに、国に対し、法令に基いて保有する任命又は雇用上の権利をもって、対抗することができない。」（国公法九八条）

最高裁判例の動向を述べればこうである。公務員の争議権については現業・非現業問わず、全農林警職法事件（非現業）にかかる昭和四八年の最高裁判決（最大判昭和四八・四・二五刑集二七巻四号五四七頁）及び全逓名古屋中郵事件（現業）にかかる昭和五二年の最高裁判決（最大判昭和五二・五・四刑集三一巻三号一八二頁）において「財政民主主義論（国民代表からなる国会が国の財政において中心的地位を占め、財政処理権は最終的には国会の議決に基づくとする考え方）」・「国民共同利益論」を理由として、いずれも争議禁止規定を合憲と断じている。この状況は今なお変わることなく続いており、公務員の争議権制限は固定して動かない。これが、一般の公務員の現状である。しかし、隊員にあっては、団体行動権（その典型が争議権）や団体交渉権どころか団結権、すなわち労働組合結成権すら認められていない。武力組織の構成員ならば一見当然のごとくであるが、ドイツのように団結権を容認する国もあり、比較法的にみてわが国の在り方がただちに普遍視されるものではない。もちろん、志願制を採用するわが国と徴兵制をとるドイツとの間には国情の違いがあることも否定できないところで、この違いが軍人の労働基本権の保障にいかなる違いとなって現れるかは興味深いテーマではある。

㈡　隊法独自の服務規定

(ⅰ)　勤務態勢及び勤務時間等

「①　隊員は、何時でも職務に従事することのできる態勢になければならない。

②　隊員の勤務時間及び休暇は、勤務の性質に応じ、内閣府令で定める。」(隊法五四条)

前掲・安全保障法制は、「非常時においてその職務の真価を発揮すべき自衛隊員が、常時有事即応態勢をとり得る状態にあることは当然の要請である」(同・一九九頁)と説くが、正にその通りであろう。

(ⅱ)　指定場所に居住する義務

「自衛官は、内閣府令で定めるところに従い、長官が指定する場所に居住しなければならない。」(隊法五五条)

前掲・安全保障法制は「自衛隊がその部隊行動において十分な機動性を発揮するために、隊員は勤務中のみならず、日常においても営舎生活の中でお互いを切磋琢磨《せっさたくま》し、集団行動を円滑にとり得るよう資質の涵養《かんよう》に努めることが要求される」(同・二〇〇頁)と説く。

ただ、これでは営舎外での居住をうまく説明できないうらみがある。なお、隊法施行規則五一条によれば、ここに「営舎」とは、長官の指定する集団的居住場所をいう。この営舎内居住を義務づけられている者は陸曹長、空曹長及び海曹長以下の自衛官であるが(同条及び同規則五一条二項)、同条ただし書により「長官の定めるところに従い、長官の指定する者の許可を受けた者は、営舎外に居住することができる」とされている。さらに、幹部自衛官並びに准陸・海・空尉たる自衛官は「長官の定めるところに従い、営舎外に居住するものとする」(同五三条)と定められており、これらの自衛官にあっては「営舎」外居住が原則とされている。

(ⅲ)　職務遂行の義務

「隊員は、法令に従い、誠実にその職務を遂行するものとし、職務上の危険若しくは責任を回避し、又

は上官の許可を受けないで職務を離れてはならない。」（隊法五六条）

隊員、とりわけ自衛官である隊員についていえば、その職務の性質上、職務遂行にあたり自己の生命・身体を重大な危険にさらす可能性が一般の公務員に比べ極めて高く、死をも覚悟することが求められている。前掲・安全保障法制が「自己の生命・身体を保全する権利が人間の自然権に属するとしても、任務遂行に当たり危険を理由に職務から離脱することを正当化することは、国防を任務とする自衛隊の役割そのものを否定することになり不合理である」（同・二〇一頁）というのも、けだし当然というべきであろう。

隊員がこのような職務遂行の義務を負うているとするならば、隊員は緊急避難につき規定する刑法三七条二項にいう「業務上特別の義務がある者」に該当し、緊急避難は認められないものと解される。

その他、「私企業からの隔離」（隊法六二条、国公法一〇三条）、「他の職又は事業の関与制限」（隊法六三条、国公法一〇四条）、「防衛医科大学校卒業生の勤続に関する義務」（隊法六四条の二）もあるが割愛する。

さてこう見てくると、自衛隊の最大の特色はなんといっても国家における唯一の武力組織だということである。これが、その構成員の個人権保障のあり方に大きな影響を及ぼすことはいうまでもない。例えば、既にみたように刑事制裁が命令服従関係の強制手段とされることに端的にその影響を見て取ることができるが（典型的には自衛隊法一一九条一項六～八号、一二〇条一項三～四号、一二二条一項三～四号。いわゆる抗命、命令不服従）、これは通常一般の公務員にはみられない。

この問題はつまるところ自衛隊の構成員である隊員、とりわけ自衛官の個人権保障の問題ということになるが、結局、部隊内の規律・統制と個人権保障との調和をどこに見い出すか、ということになる。

ところで、自衛官の表現の自由とその規制をめぐっては、最高裁判決例が既に出されており、次にこれを取り上げ、若干の考察を試みることとする。

(三)　「制服」自衛官と表現の自由――反戦自衛官懲戒免職事件

一　事実の概要（事実関係）

現職自衛官であるXら二名（原告・上告人）は、他の自衛官三名および元自衛官一名とともに、昭和四七年四月二七日、防衛庁正門付近の報道関係者ら不特定多数の者が集まっている場所において制服着用の上、自衛隊の沖縄配備および立川基地移駐に反対し、かつ自衛隊を「ひぼう中傷する」内容の要求書を読み上げ、それと同旨の「声明」文を長官に渡すよう求め職員へ手渡し立ち去った。翌二八日、芝公園で開催された「四・二八沖縄返還協定粉砕、自衛隊沖縄派兵阻止、日帝の釣魚台略奪阻止、入管二法粉砕中央総決起集会」に参加し、制服着用のまま官職・階級・氏名を明らかにした上、前記要求書を読み上げ、沖縄配備阻止等の政策批判と自衛隊を非難する演説を繰り返した。そこで、これらの行為は隊員の服務の本旨を定めた自衛隊法（以下、法という。）五二条、品位保持義務を定めた法五八条一項に違反し、法四六条二号の懲戒事由（隊員たるにふさわしくない行為のあった場合）に当たるとして、Xらは懲戒免職処分を受けた。本件はいわゆる「反戦『制服』自衛官」懲戒免職処分の取消請求事件である。

第一審東京地裁判決（平成元年九月二七日、判時一三三五・二八、判タ七一一・一一八）は当該処分の取消請求を棄却したため、Xら原告はこれを不服として原審たる東京高裁へ控訴した。控訴審判決（平成五年九月六日労民四四・四=五・七七一、判タ八二八・一〇七）でも控訴棄却となったので、最高裁へ上告した。

争点は多岐にわたるが、上告審段階での憲法上の争点に限定すれば上記表現行為を懲戒事由に当たるとして懲戒処分の対象とし、制限することが表現の自由を保障する憲法二一条に違反しないか否か、さらに法四六条二号の規定が広範かつ不明確であることからして当該規定が憲法二一条に違反しないか否かの二点であり、いずれも否定された。ここでは、前者の争点である憲法二一条違反に的を絞り以下検討をくわえ、この問題を素描する。

二　判　旨

上告棄却。

「（表現の自由が民主主義社会において重要な基本的人権の一つとして特に尊重されなければならないものであり、これをみだりに制限することは許されないとしながらも、国民全体の共同の利益を擁護するため必要かつ合理的な制限は憲法上許されるとして）自衛隊の任務（法三条）及び組織の特性にかんがみると、隊員相互の信頼関係を保持し、厳正な規律の維持を図ることは、自衛隊の任務を適正に遂行するために必要不可欠であり、それによって、国民全体の共同の利益が確保されることになるというべきである。したがって、このような国民全体の利益を守るために、隊員の表現の自由に対して必要かつ合理的な制限を加えることは、憲法二一条の許容するところであるということができる。」

最高裁はかかる一般論を踏まえ、本件において問題とされた表現行為につき以下の法的評価をくわえた。

「（かかる行為は）自衛官の制服や官職を利用し、それによる宣伝効果を狙ったものであるとの評価を免れない上、（中略）上告人らの主張は、議会制民主主義の政治過程を経て決定された国の政策につき、（中略）一方的かつ過激な表現をもって公然と批判するとともに、右政策決定を前提とする上司の命令に服しようとしない態度を明らかにし、（中略）自衛隊をひぼう中傷するものであるということができる。」

かくして、これらの行為が自衛隊の内部に深刻な政治的対立を醸成し、職務の能率的で安定した運営が阻害され、国の政策の遂行にも重大な支障を来すおそれがあると指摘するとともに、かかる自衛隊に対する公然のひぼう中傷は隊員相互の信頼関係を破壊し、自衛隊の規律を乱すと断じた。

「そうすると、上告人らの右各行為を懲戒処分の対象として、その表現の自由を制約することは、前記のような国民全体の利益を守るために必要かつ合理的な措置であるということができ、右制約が憲法二一条に違反するものといえない。」

原告・上告人の憲法二一条違反の主張はことごとく斥けられたことになる。次にこの違憲主張につきいくつかの争点に分け、検討しよう。

三　検　討

① 公務員による表現行為（表現の自由）の制限を「国民全体の共同の利益」から是認する最高裁判例はこれまでもみられるところであって、その意味では本件判例もその線上にあり取り立てて目新しいものではない（最高裁昭和四四年（あ）第一五〇一号同四九年一一月六日大法廷判決・刑集二八巻九号三九三頁、判時七五七号三〇頁（いわゆる「猿払事件」）、最高裁昭和六一年（行ツ）第一一号平成四年七月一日大法廷判決・民集四六巻五号四三七頁）。しかしながら、同じ公務員とはいえ国家の武力組織である自衛隊を構成する現職自衛官の表現行為の制限が問われた点にこれまでにない本件判例の新奇性・独自性が認められる（参照、本件にかかる前掲判時一二三五頁）。その意味で、本件判示についてなされた大石眞教授の「当然の判示とはいえ、これは、国の武力組織に身を置く公務員とそうでない一般職員とについて、権利制約基準が同一であることまで意味するものではあるまい」（ジュリスト平成七年度重要判例解説三頁）という簡潔なコメントは極めて含蓄にとむ。

ところで、判旨にいう表現行為の制限を正当化する「国民全体の共同の利益」とは、そもそもいかなるものであろうか。判決理由の表現を借りれば、それは「行政の中立かつ適正な運営が確保され、これに対する国民の信頼が維持されること」である。これを自衛隊に当てはめれば、その任務の中立かつ適正な運営が確保され、これに対する国民の信頼が維持されることが、とりもなおさず「国民全体の共同の利益」ということになる。そのための必要不可欠な条件が「隊員相互の信頼関係を保持」することであり、「厳正な規律の維持を図ること」である。しからば、Xらのいかなる表現行為がこれらの条件に反するというのか、本件判例に則して次にこの問題を検討してみよう。

②「判決理由」によれば、「議会制民主主義の政治過程を経て決定された国の政策につき」「一方的かつ過激な表現をもって公然と批判」したとされるのは、次に掲げる表現である。すなわち、沖縄返還協定、自衛隊の沖縄配備、立川基地移駐および入管二法等についてなされた「いままさに日本帝国主義が、再びアジア人民への圧迫と殺りくに乗り出さんとしている」、「われわれは、もはやこの帝国主義支配者どもの横暴と圧政に、絶対に耐えることはできない」そして「帝国主義佐藤政府は、われらを侵略と人民弾圧のせん兵とせんがために、四次防と沖縄派兵を必死になって強行しようとしている」というものである。加えて、自衛隊をひぼう中傷するものとされたのは「自衛隊兵士は、兵営監獄の中で抑圧され、差別され、あらゆる屈従を強いられてきた」という表現である。上述のように、まさにこれらの表現が「本来政治的中立を保ちつつ一体となって国民全体に奉仕すべき責務を負う自衛隊の内部に深刻な政治的対立を醸成し、そのため職務の能率的で安定した運営が阻害され」ると評価された。それはまた、自衛隊任務の適正な運営が確保されることを、その内実とする「国民全体の共同の利益」を損なうとの判断でもある。さらに、「自衛隊を公然とひぼう中傷すること」は「隊員相互の信頼関係を破壊し、自衛隊の規律を乱す」といわなければならず、これは自衛隊任務の適正な遂行のため必要不可欠とされた「隊員相互の信頼関係」の保持という条件に反するものと解される。次に、本件判例を踏まえつつ、現職自衛官の表現の自由につき少しく考察をくわえることにしよう。

③　判例からもうかがわれるように、自衛官だからといってその表現の自由がおよそ一切否定されてしまうというものではない。その享有を前提にしながらも、自衛官という官職からしていかなる制限に服さざるを得ないかが問題なのである。この問題解明のため、勤務の内外、営舎・施設の内外、上官と部下、制服着用の有無、徴兵制の存否（ドイツは徴兵制、わが国は志願制）など考慮されるべき要点も存するが、ここでは政治による軍事・軍隊の統制という意味における文民統制の視点で本件事案を眺めると、次のような問題点が浮かんで来る。

それは、たとい決定に至る過程で激しい見解の対立があったにせよ、上記の「議会制民主主義の政治過程を経て（ひとたび）決定された国の政策」につき現職自衛官が前述の表現内容と表現態様により公然と批判したことをどう法的に評価するかということである。やはり、かかる批判を認めることは文民統制の趣旨に反するといわなければならない。というのも、その是認は軍事・軍隊・軍人側からの無節操な政治批判を受容することとなり、文民統制否定につながる恐れなしとしないからである。

国家における唯一の武力組織である軍隊（自衛隊）を構成する軍人（自衛官）の表現行為にあっては、一般の公務員とは違い、単なる行政の中立性の確保以上の問題が潜んでいるというべきであろう。規律なく統制もない武器を手にした組織集団ほど危険なものはない（ちなみに、平成一〇年改正前の国際平和協力（ＰＫＯ）法における自衛官による対人的な武器使用の問題点の一つが、上官の命令によらない自衛官の個人判断に基づく武器使用であった。それは、統制を欠いた武器使用の危険性を内に秘めるものであったからである。現行国際平和協力（ＰＫＯ）法二四条五項には「統制を欠いた小型武器又は武器の使用によりかえって生命若しくは身体に対する危険又は事態の混乱を招くこととなる」の一節があり、その未然防止のため当該現場に在る上官の命令による（小型）武器の使用が今日謳われるに至ったのである）。

だからこそ、日頃の訓練等を通じて「隊員相互の信頼関係を保持し、厳正な規律の維持を図ること」が自衛隊に求められるのである。したがって、自衛官の表現行為にはおのずからその内容および時・場所・態様等につき一定の節度が要求されることにもなる。もちろん、その具体化をどうするかという難問は残されてはいる。だが、本件判例がその一つの解答例であるということは十分語りうる。なお、政治的行為の制限を定めた法六一条一項（その違反には法一一九条一号により刑罰が科せられる）の適用可能性も否定しがたいが、当局がその適用に慎重であることは松浦一夫教授の伝えるところでもある。

◇松浦一夫「軍人（自衛官）の表現の自由をめぐる裁判例の日独比較考察——反戦自衛官懲戒免職処分取消請求事件第一審判決に寄せて」

本件事案にかかる隊法施行令の条文は八六条五号「政治の方向に影響を与える意図で特定の政策を主張し、又はこれに反対すること」および六号「国又は地方公共団体の機関において決定した政策（法令に規定されたものを含む。）の実施を妨害すること」のごとくであるが、松浦教授によれば次に示すようにそれぞれ限定的に解されている。

すなわち、五号にいう「政治の方向に影響を与える意図」とは「日本国憲法に定められた民主主義政治の根本原則を変更しようとする意図」と解され（同論文四四頁、人事院事務総長通牒「人事院規則一四―七（政治的行為）の運用方針について」（昭和二四・一〇・二一）参照）、また六号の「実施を妨害する」も「有形無形の威力をもって組織的、計画的又は、継続的にその政策の目的の達成を妨げることを指し、単に当該政策を批判することはこれに該当しない」（同四四～五頁）とされ、この解釈が本件施行令条文にも準用された結果、政治的行為の制限を定める隊法六一条一項違反に問われず、かくして同法一〇九条一号の刑事制裁から免れたということになる。

なお、本節をものするにあたっては、松浦論文から多大な教示を得た。ここに、厚く感謝する。その他の参考文献として、次に掲げるものをあげておこう。
三木秀雄「隊員の服務――隊員の表現の自由と制約」防衛法研究八号七九頁、山田康夫「自衛隊法における服務――国家公務員法等との比較考察」防衛法研究八号一三頁、安田寛「軍法と自衛隊法の罰則」防衛法研究八号四五頁、足立純夫「軍事規律の比較法的考察」防衛法研究八号六三頁、山内敏弘「西ドイツの軍隊と兵士の人権」獨協法学一八号一九五頁、上村貞美「フランスにおける軍人の法的地位――現代フランスにおける国防と人権（その2）」香川大学教育学部研究報告Ⅰ部五七号二五頁、小林宏晨・国防の論理一五三頁（日本工業新聞社、昭和五六）、拙著・『文民統制の憲法学的研究』一五八頁（信山社、平成二）。

〔防衛法研究一四号三四～五頁、四四～五頁〕

本件事案における表現行為の政治的意義（インパクト）は、紛れもなく「制服を着た」現職自衛官によるところにこそ存し、またそうであるだけに逆に「厳正な規律の維持」のためには許容しがたい表現行為と評価されることにもなりうるのである。「自衛隊兵士は、兵営監獄の中で抑圧され、差別され、あらゆる屈従を強いられてきた」と自らひぼう中傷する、まさにその「自衛隊」の制服を着用しての国政批判であってみれば、本件で問題とされた表現行為が「自衛官の制服や官職を利用し、それによる宣伝効果を狙ったものである」との評価はやはり免れないといわなければなるまい。本件は、まさしく文字どおり「制服」に象徴される現職自衛官の表現行為にかかる憲法裁判であったというべきである。その意味で、純然たる「私人」としての表現行為とは異なると解さなければならない。

四　若干の点描

本件で争われた表現行為の制限は時・場所・態様等にとどまらない内容上の制限でもあるが、第一に自衛官とは国家の唯一の武力組織である自衛隊の構成員であること、第二に当該表現行為の主体が「制服を着た」現職の自衛官であること、第三にその表現行為の内容・態様等が前述のごときものであること、第四にかかる表現行為に対する制裁も懲戒免職処分にとどまり刑事制裁に至らなかったこと（猿払事件では、北海道宗谷郡猿払村の一郵便局に勤務する郵政事務官が衆議院議員総選挙に際してなした支持政党公認候補者の選挙用ポスターの公営掲示場への掲示および掲示を依頼しての配布行為が国公法一〇二条および人事院規則一四―七（六項三号）に違反するとして、国公法一一〇条一項一九号の罰則が適用され、刑事制裁として罰金刑が科され、確定した）などを斟酌《しんしゃく》すれば、一般に表現の自由に認められる優越的地位を考慮にいれてもなお妥当な判決である。もちろん、例えばその表現行為が問題にされるべき自衛官とは部隊に指揮権を有する高位の自衛官であるべきだ、といったように様々な批判もあろうが、下位の自衛官だから単純に許されるというものではない。

なるほど、「自衛官の表現行為にはおのずからその内容および時・場所・態様等につき一定の節度が要求されることにもなるのである。もちろん、その具体化をどうするかという難問は残されてはいる」と前述したが、たしかに部隊内の規律・統制による国民の信頼確保という「国民全体の利益」と自衛官個々人の個人権保障との調和点の探究は重要で難儀な課題である。この点について松浦教授によりなされた次のような指摘は、示唆にとむ。それと同時に、この問題の難しさを物語ってもいる（なお、教授は現行ドイツの判例をも検討をくわえており、その論稿は有益である）。

「たとえば仮に原告らが制服を着用せず、職名を表示せず、演説内容がより穏当なものであり、帰隊時間にも遅れなければ、同様の行為に及んだ場合でも許されるのか。あるいは制服を着用しても演説をせず、聴衆の一人として参加するのであれば問題はないのか、さらには防衛政策に直接関係しない政治問題にならば発言しても差支えないのか等々、人事院規則と同様の問題は避けられないように思われる。」（同・前掲論文三五頁）

このように、教授も著者と同様「私人としての表現の自由の保障と自衛官としての自由の制約の一線をどこに引くべきか」については相当苦心している。その様子は次に掲げる引用文からもうかがうことができる。

「自衛隊がその活動能率を他の国家機関にもまして厳格な指揮監督の下に確保すべきことは、国防を任務とする実力組織としての本質上当然のことであり、仮に勤務時間外、勤務場所外で行われようとも、現職自衛官が内閣の合法的な指揮監督権の行使を危うくするような政治的活動を行うことは、文民統制の原則に抵触する虞を含む。」（同三四頁）

「自衛官が、政治問題から全く隔離されることなど有得ず、また私生活においても共同性を伴う営舎内を政治的に完全に真空化することは、かえって自衛官の政治意識、国防意識を萎縮させ好ましくないばかりか、自衛官の社会的融和を阻害し、むしろ有害である。政治的行為制限の隊法規定を厳格強化するにせよ、隊員の私人としての政治的コミュニケーションに対する配慮は忘れられてはなるまい。」（同三五頁）

前者の引用部分は「隊内の規律・活動能率の確保」に、後者の引用部分は「隊員の私人としての表現の自由の確保」にそれぞれ対応する言及であり、憲法上の要請であるといえよう。これら二つの要請の均衡点に、難問の解答が潜んでいる。それにしても、やはり「軍隊は、命令と服従の原理、規律なくしては存続できない」（同四二頁）のであって、「規律は上官の権威と部下の服従に基づく」（同頁）との教授の指摘はけだし至言というべきであろう。

なお、教授は軍人の自由を扱った連邦憲法裁判所および連邦行政裁判所のかなりの数に上る裁判例の中から、とりわけ公開討論や政治集会への参加問題にかかる三事例を取り上げ検討されているが、日独の比較にあたっては、「徴兵制」採用の有無の違いが看過できないこともまた教授の指摘するところである（同四七頁）。これは、職名・階級を明示のうえで新聞への投書による上官批判が問題になった事例に関連して述べられたことであるが、結局その論旨はこのようなことである。すなわち、「そもそも『制服を着た市民』の理念は、『一般市民もまた制服を着るべきである』ことを前提としているのである。一般市民も全て等しく制服を着ることで、軍人と市民の同質性が確保されることもその一側面なのである（ハンチントンの主体的文民統制か―小針）。（中略）したがって徴兵制を採用せず、志願制に基づいている自衛隊とは単純な比較はできないのである」（同頁）。

ところで、およそ「表現の自由（表現行為）」に対する制限の合憲性を審査する場合、一般に表現内容の制限にあっては「厳格な基準」が、表現態様等の制限の場合には「ヨリ厳格な合理性の基準」がそれぞれ審査基準として用いられる、はたして自衛官についてこのような一般論がそのまま通用するものかどうかが一つ問題となるし、さらに自衛官（自衛隊員）以外の一般の公務員と同じように扱うこともできないものと考えられる。それが、国家における唯一の武力組織の構成員という自衛官の特殊な身分（立場）からする当然の帰結ということになろう。文民統制とは、武力組織およびその構成員に対してのみ語り得るからである。松浦教授が「（自衛官の）職名や制服のもつシンボリックな影響力を考えた場合――原告らの行為は明らかにこれを計算している――他の公務員以上に厳格な政治的中立性を要求されてもやむをえまい」（同三四頁）というのも、武力組織に対する文民統制を念頭においてのことではなかろうか。その意味において、「われわれは、もはやこの帝国主義支配者どもの横暴と圧政に、絶対に耐えることはできない」との原告らの政治的主張は文民政府の政策への不服従を表明する意思表示であり、それにしてもやはり穏当を欠く「一方的かつ過激な表現」による政府・政策批判であるといわなければならない。かかる表現行為の具体的危険性を問題にするならば、それは自衛官による統制離脱行為であり、極論すれば「横暴と圧政に、絶対に耐えることはできない」以上は武装反乱への一歩ともなりうる。

＊ 松浦教授が取り上げた三事例とは、「反原発運動を支持するステッカーの自家用車への貼付が政治宣伝と看做されたケース」（同・前掲論文三九頁）、「公開討論中の国防大臣辞任要求が適法とされたケース」（同四〇頁）および「反軍拡デモ・集会への参加と職名・階級を明らかにしての演説につき懲戒処分を認めたケース」（同四一頁）である。

V　自衛隊の構造――指揮権の流れ：最高指揮命令権

ここで自衛隊の部隊行動に対する指揮監督権につき若干の考察をくわえることにする。既に述べたが、わが国では自衛隊は行政各部とされ、したがってそれに対する指揮監督権も憲法七二条からして内閣を代表して内閣総理大臣が有する（ちなみに、ドイツでは連邦国防軍は「執行権」に属し、統帥権（Oberbefehl）にかわって登場した命令・指揮権（Befehls-und Kommandogewalt）は平時にあっては国防大臣に（六五a条）、防衛事態が生じれば首相に移転する（一一五b条）こととされている）。

ところで、自衛隊法七条は「内閣総理大臣は、内閣を代表して自衛隊の最高の指揮監督権を有する」と定めているが、この解釈をめぐり同条が憲法七二条の確認規定であり、「内閣総理大臣は、内閣の首長として自衛隊を直接に指揮することはない」とする「通説」と隊法七条を統帥権的規定と解し、創設的意味をもつとして、「内閣の首長たる内閣総理大臣が、内閣を代表してではあるが、内閣法第六条の適用を受けることなく直接に長官以下の自衛隊に部隊行動命令を発することができる」と解する「統帥権創設規定説」とが対立している。補足していえば、以下のようになる（前掲・安全保障法制一二三項以下参照）。

〈通　説〉「憲法上、自衛隊は、行政各部としてこの規定（憲法七二条―小針）の適用を受けるが、自衛隊のごとき実力部隊にあっては、その指揮監督関係が特に重視されるべきものであるので、隊法七条はこの憲法の規定の趣旨を自衛隊について明確にしたものであって、これによって内閣総理大臣に新たな権限を認めた趣旨ではない。」

〈統帥権創設規定説〉「（自衛隊の部隊行動における部隊指揮命令の統一、秘密保持、命令服従の厳格性を指摘しつつ）部隊の指揮は、場合によっては隊員や国民の生死に関わる決定となり得、部隊統率の失敗は国家敗滅の事態を生む。こうした点において、部隊行動指揮権は一般行政事務の指揮監督とは、その本質・態様を異にするものといえる。したがって、武力を行使する実力組織としての自衛隊を運用することは、内閣法、国家行政組織法にいう行政事務の分担管理にあたらない別個の行政作用であって、隊法第七条は、これに関する内閣の首長たる総理大臣の最高指揮命令（＝統帥）権を特別法として規定したものと解するのが妥当である。」

さらに、この統帥権創設規定説によれば「自衛隊法第八条は、自衛隊の部隊行動指揮権と自衛隊の部隊および機関の行政的隊務の指揮監督権を合わせた隊務統括権の規定である」と解される。つまり、「長官は、内閣総理大臣の指揮監督を受け、自衛隊の隊務を統括する」と定める隊法八条は一般行政組織上の指揮監督権（ちなみに、内閣府設置法七条一項は「内閣総理大臣は、内閣府の事務を統括し、職員の服務について統督する」と定め、同法八条一項は「各委員会の委員長及び各庁の長官は、その機関の事務を統括し、職員の服務について統督する」と規定する）とは異質の「隊務統括権」を創設するものと解されることになる。かくして、長官の有する隊務統括権は部隊行動指揮権と行政的隊務の指揮監督権とからなる権限である。これに対し、通説は隊法八条を内閣府設置法五八条一項の確認規定と解するがゆえに、長官は内閣府の長たる内閣総理大臣の指揮監督を受けながら、自衛隊部隊・機関に対し指揮監督権を行使すると解する。

両説の違いは、おおよそ次のように取りまとめることができよう。

〈通　説〉　隊法七条は憲法七二条の、隊法八条は内閣府設置法五八条一項のそれぞれ確認規定である。よって、内閣の首長たる内閣総理大臣から自衛隊部隊・機関（ここに、「機関」とは学校・補給処・病院・地方連絡部をいう。隊法二四条、併せて庁設置法二九条参照）に至る指揮監督関係は以下のようになる。

◉内閣の首長たる内閣総理大臣（憲法七二条、隊法七条、内閣法六条：「行政各部指揮監督権」）→内閣府の長たる内閣総理大臣（内閣府設置法六・七条、隊法八条：「指揮監督権」）→防衛庁長官（内閣府設置法五八条一項「庁務統括権」、隊法八条「隊務統括権」）。ただし、通説にあっては両者の統括権に質的違いはなく、いずれも一般行政組織上の指揮監督権にすぎない。したがって、この場合隊務統括権に特別の意味はない。とすれば、「指揮監督権」と一括すればよい。その法的性質に着目すれば、「庁務統括権」＝「隊務統括権」＝「一般行政組織上の指揮監督権」）→自衛隊部隊・機関

〈統帥権創設規定説〉　隊法七条は憲法七二条の、隊法八条は内閣府設置法五八条一項のそれぞれ確認規定ではなく、隊法七条は内閣総理大臣に対し統帥権（最高指揮命令権）を、隊法八条は防衛庁長官に対し隊務統括権（部隊行動指揮権を内包する）をそれぞれ創設的に付与する規定である。かくして、こと自衛隊の部隊・機関に関する限り、内閣の首長たる内閣総理大臣から自衛隊部隊・機関に至る指揮監督関係は以下のようになる。

◉内閣の首長としての内閣総理大臣（隊法七条：「最高指揮命令権」）→防衛庁長官（隊法八条：内閣府設置法五八条一項の「庁務統括権（一般行政組織上の指揮監督権）」とは別個で、部隊行動指揮権を特別視し、それを

含む「隊務統括権」。したがって、「部隊行動指揮権」＋「庁務統括権（一般行政組織上の指揮監督権）」＝「隊務統括権」）→自衛隊部隊・機関（部隊にあっては部隊行動指揮権、部隊・機関にあっては行政的隊務（一般行政組織上）の指揮監督権）

なお、防衛庁の行政的隊務以外の事務にかかる「庁務統括権」（内閣府設置法五八条一項）については、「通説」に同じということになろう。

ところで、自衛隊の（部隊）行動およびそれに対する命令につき極めて興味深い言及をおこなっているのが安田教授である。むろん、教授にあってはあくまでもそのいうところの「行政」内の問題としてではあるが。教授は、自衛隊が行政各部に含められることを当然とし、それへの指揮監督も行政各部一般に対するものと異ならないとしながらも、自衛隊の（部隊）行動およびそれへの命令につき、次のように述べ、それらの特色（教授の用語によれば「特殊性」）を認めている。

「自衛隊の行動は国家の安危にかかわるものであり、ドイツにおいてそうであるように、内閣総理大臣が直接個人責任を負うべきものとすることが望ましいであろう。しかし、そういう体制の下では自衛隊に対する命令は、行動に関するものとそうでないものとに分けられ、前者は内閣総理大臣から発せられ、後者は主任の大臣から発せられことになるであろう。」（安田寛『防衛法概論』六五頁（オリエント書房、昭和五四））

そして、これにそうべく現行自衛隊法の条文も「内閣総理大臣は、内閣を代表して自衛隊の行動に関する最高命令権を有する」と改めるべきであるとの提言すらされている（同書六六頁）。かかる最高命令権およびそれに基づく部隊行動の性格付けの点で著者との大きな違いはあるが、安田教授の（部隊）行動観および提言には大いに共鳴を覚える。特に、自衛隊に対する命令を「行動に関するものとそうでないものとに分け」る点については著者としても全く異論はない。著者が問題にしているのは教授も指摘するように「国家の安危にかかわる」自衛隊の行動およびそれに対する行動命令の法的な性格付けである。法規の適用という視点に立っても、かかる部隊行動、とりわけ戦闘行為に適用されるのはもはや国内法ではなく従来の交戦法規であろう。その点からしても、部隊行動及び部隊行動命令の法的な性格付けが問題視されなければならないのである。

第５章　自衛隊と住民生活

Ⅰ　防衛施設と地域社会

平成一三年版『防衛白書』を参考にしつつ、自衛隊と国民生活というテーマをより具体的な形でとらえようとすれば、それは地域社会と防衛施設の問題に到達する。とりわけ、駐屯地（陸上自衛隊）・基地（航空自衛隊）にあっては、航空機の頻繁な離着陸及び射撃・爆撃並びに火砲による射撃などによる騒音被害が問題となる。これらの諸問題に対する立法的対応は「防衛施設周辺の生活環境の整備等に関する法律」（昭和四九法律一〇一）、いわゆる「環境整備法（以下「法」という。）」にみることができる。同法一条はその目的を次のように定めている。

「この法律は、自衛隊等の行為又は防衛施設の設置若しくは運用により生ずる障害の防止等のため防衛施設周辺地域の生活環境等の整備について必要な措置を講ずるとともに、自衛隊の特定の行為により生ずる損失を補償することにより、関係住民の生活の安定及び福祉の向上に寄与することを目的とする。」

ところで、この法律にいう防衛施設とは自衛隊施設と在日米軍施設・区域（日米安全保障条約六条、米軍地位協定二条一項）であり、それは用途に応じて演習場、飛行場、港湾、営舎などに区分される。この防衛施設が自衛隊等の各種活動の拠点であり、その機能が効果的に発揮されるためには、白書も説くように、その周辺地域との調和及び周辺住民の理解と協力が必要なことはあえて断るまでもない。

このように、防衛施設の存在とその有効適切な機能の発揮の必要性は否定できないが、他方、防衛施設の周辺住民の生活環境が航空機の頻繁な離着陸に伴う騒音によって脅かされるのも否定しがたいところである。事実、航空機騒音問題についていえば、これまで横田（一～三次訴訟）、小松（一・二次訴訟）、厚木（一・二次訴訟）、嘉手納（一～三次訴訟）各飛行場の周辺住民から、夜間の離着陸の差止請求や騒音被害に対する損害賠償請求などを内容とする訴訟が起こされている（同白書二四三頁）。

◇ **データ　防衛施設の規模等**

防衛施設の土地面積：約一、三九五㎢（国土面積の約〇・三七％）
・自衛隊施設の土地面積：約一、〇七八㎢（その約四二％が北海道に所在する）
用途別：演習場が全体の約七五％を占める。
〈地域別分布〉
北海道（四二％　約四五三㎢）、中部地方（一七％　約一七八㎢）、東北地方（一四％　約一四七㎢）、九州地方（一二％　約一三四㎢）、関東地方（五％　約五六㎢）
その他（一〇％　一〇九㎢）
〈用途別〉
演習場（七五％　約八〇六㎢）、飛行場（七％　約七九㎢）、営舎（五％　約五三㎢）、その他（一三％　約一三九㎢）

・在日米軍施設・区域（専用施設）：約三一三㎢であり、このうち約三五㎢について、地位協定により、自衛隊が共同使用
〈地域別分布〉
沖縄県（七五％　約二三四㎢）、関東地方（一一％　約三六㎢）、東北地方（八％　約二四㎢）、その他（六％　約一九㎢）
〈用途別〉
演習場（五四％　約一六九㎢）、飛行場（一八％　約五八㎢）、倉庫（一三％　約四二㎢）、その他（一四％　約四五㎢）
〔平成一三年一月一日現在。白書二四二頁〕

ところで、防衛施設をめぐる問題を「障害などの原因」・「障害などの態様」・「施策の内容」という視点でながめると、概要次のようにまとめることができる（白書三一三頁。資料四五「防衛施設周辺地域の生活環境の整備などの施策の概要」）。

1　「障害などの原因」が自衛隊などの行為の場合

①　自衛隊等の機甲車両その他重車両のひん繁な使用や火薬類の使用の頻繁な実施等による障害及び航空機の離着陸等のひん繁な実施等による著しい音響に対しては障害防止・軽減工事の助成を行う（法三条）。なお、工事費補助対象は農業用施設・林業用施設・漁業用施設、道路・河川・海岸、防風施設・防砂施設・その他の防災施設、水道・下水道、学校、病院、助産所等である。

②　自衛隊等の航空機の離着陸等のひん繁な実施等により生ずる音響に起因する障害
第一種区域（音響に起因する障害が著しいと認めて防衛施設庁長官が指定する防衛施設の周辺の区域：加重等価継続

図12　自衛隊施設（土地）の状況

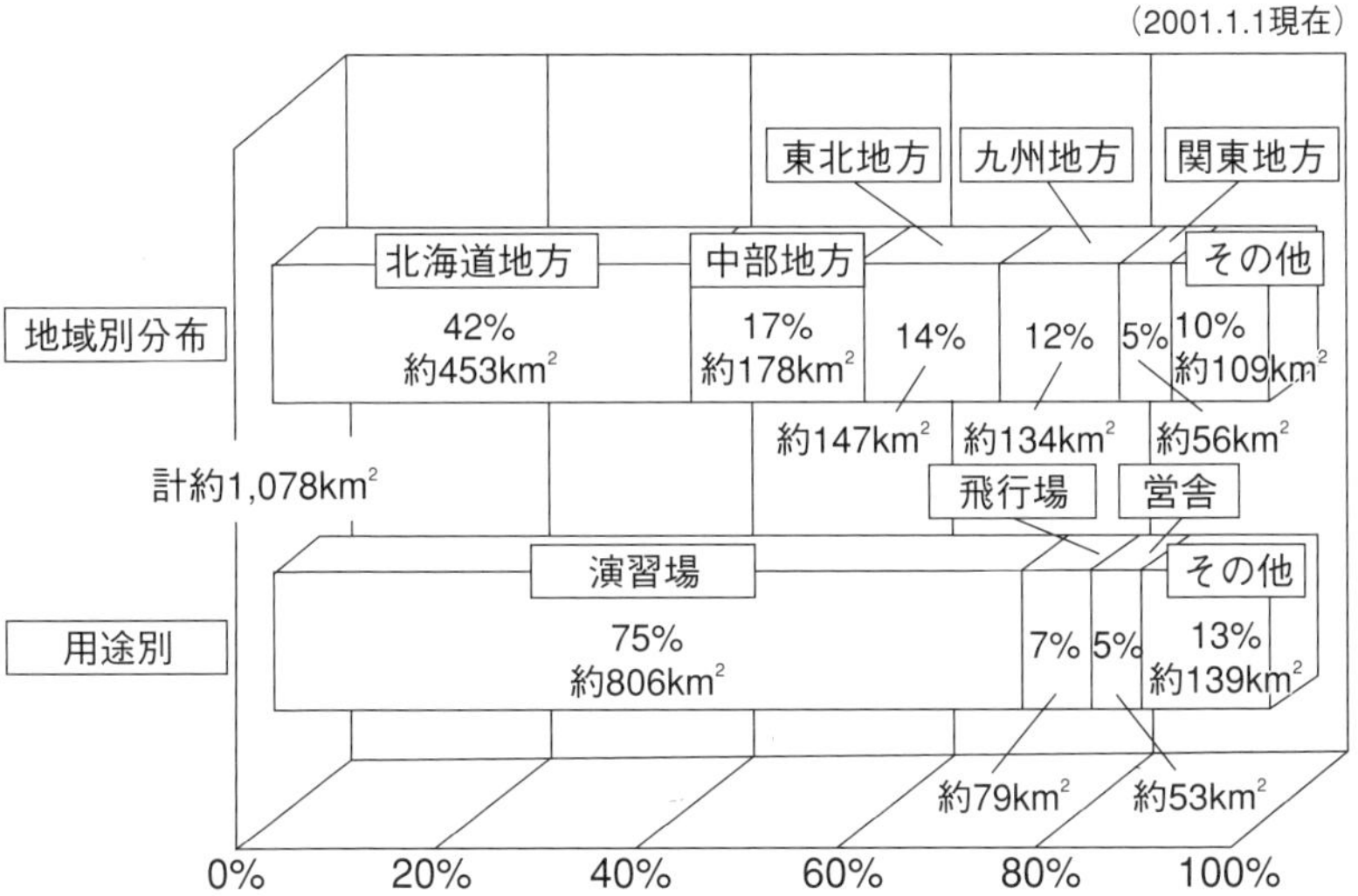

図13　在日米軍施設・区域（専用施設）の状況

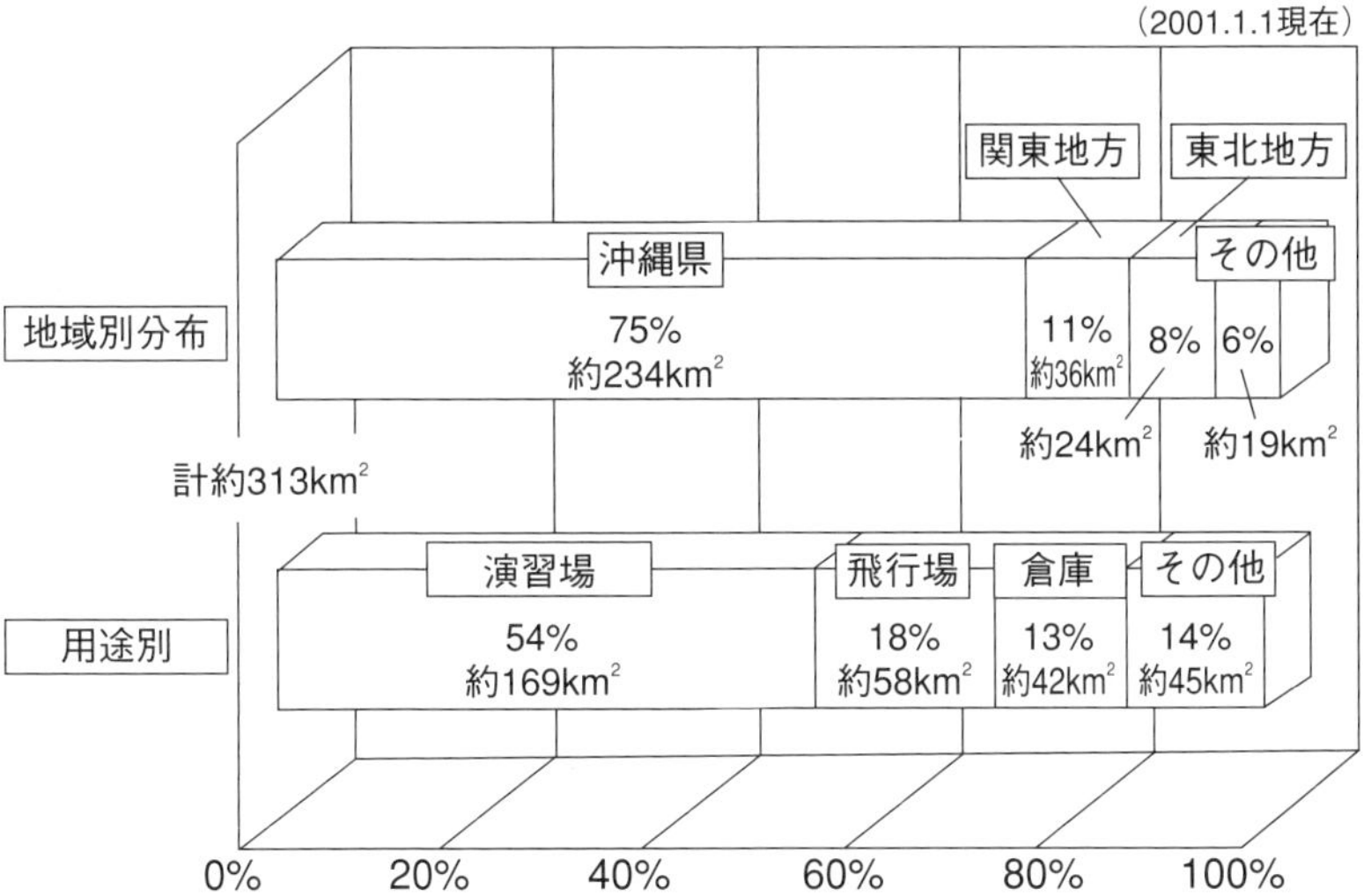

出典：図12.13とも『防衛白書』平成13年度版242頁より。

感覚騒音レベル（WECPNL：Weighted Equivalent Continuous Perceived Noise Level）七五以上の区域）に対しては住宅の防音工事の助成を行う（法四条）。

第二種区域（第一種区域のうち音響に起因する障害が特に著しいと認めて防衛施設庁長官が指定する区域：第一種区域のうち加重等価継続感覚騒音レベル九〇以上の区域）に対しては建物等の移転又は除去の補償等を行う（法五条）。

第三種区域（第二種区域のうち音響に起因する障害が新たに発生することを防止し、その周辺における生活環境の改善に資する必要があると認めて防衛施設庁長官が指定する区域：第二種区域のうち加重等価継続感覚騒音レベル九五以上の区域）に対しては緑地帯の整備等を行う（法六条）。

また、①及び②の障害により農業、林業、漁業等の経営上に生じた損失に対しては「損失の補償」を行う（一三条）。

2　「障害などの原因」が防衛施設の設置又は運用の場合

① 防衛施設の周辺地域の住民生活又は事業が阻害されると認められる場合には、民政安定施設の助成を行う（法八条）。

② 防衛施設（飛行場、演習場、港湾等）の周辺地域における生活環境又は周辺地域の開発に及ぼす影響の程度及び範囲等を考慮して、この周辺地域を管轄する市町村に対し交付金（特定防衛施設周辺整備調整交付金）を交付する（九条）。

こうみてくると、「自衛隊等の行為又は防衛施設の設置若しくは運用により生ずる障害」に対する対応は、障害防止・軽減工事の助成・住宅の防音工事の助成・建物等の移転又は除去の補償等・緑地帯の整備等・損失の補償・民政安定施設の助成・交付金（特定防衛施設周辺整備調整交付金）の交付といったものに集約されよう。ただし、夜間の離着陸の差止請求そのものが認容された裁判例は寡聞にして聞かない。

Ⅱ　自衛隊施設と環境保全

昨今の時代的潮流が自衛隊にも押し寄せており、環境保全の問題は自衛隊にとっても不可避なものとなっている。そこで、防衛施設の一つである自衛隊施設における環境保全への取組みにつき付言すれば、こうである。自衛隊には全国に演習場や営舎などの施設があり、さらに航空機、艦船、車両など多数の装備も維持管理している。これらの維持管理の過程で、粉塵やばい煙、汚水などが発生する場合、環境保全の観点から、自衛隊はばい煙の測定などを通じその防止、軽減に努めている。

また、環境基本計画に基づく閣議決定を踏まえ（「国の事業者・消費者としての環境保全に向けた取組の率先実行のための行動計画について」（平成七））、防衛庁として同行動計画を推進・点検するための委員会を設け、資源やエネルギーの有効活用において、環境保全に配慮している、とも白書は伝えている（白書二四四頁）。

Ⅲ　周辺事態安全確保法と地域社会・住民

「周辺事態に際して我が国の平和及び安全を確保するための措置に関する法律」（平成一一法律六〇）、いわゆる周辺事態安全確保法において表題と特に関連すると考えられるのは、「国以外の者による協力等」をその見出しとする九条であろう。同条は三カ条からなり、次のように定めている。

「①　関係行政機関の長は、法令及び基本計画に従い、地方公共団体の長に対し、その有する権限の行使について必要な協力を求めることができる。

②　前項に定めるもののほか、関係行政機関の長は、法令及び基本計画に従い、国以外の者に対し、必要な協力を依頼することができる。

③　政府は、前二項の規定により協力を求められ又は協力を依頼された国以外の者が、その協力により損失を受けた場合には、その損失に関し、必要な財政上の措置を講ずるものとする。」

周辺事態に対応してわが国が実施する措置としては「後方地域支援」及び「後方地域捜索救援活動」があるが、このような措置の実施にあたり、関係行政機関の長は、法令及び基本計画に従い、地方公共団体の長に必要な協力を求めることができ、さらには「国以外の者」にも同様の協力を依頼することができるのである。求め、依頼する「協力」の具体像は必ずしも明確とはいいがたいところもあるが、確実にいえることは「後方地域支援」等の措置が地方公共団体や国以外の者、すなわち民間人にとっても決して無縁のものではないということである。

地方公共団体や民間人にも求め、依頼される協力として考えられるのは、周辺事態安全確保法の別表に規定されてもいるが、補給、輸送、修理・整備、医療、通信、空港・港湾業務、基地業務、宿泊及び消毒といったところであろう。これらの業務が専ら自衛隊によってのみなしうるものとは考えがたいからである。

＊　周辺事態安全確保法の制定を受けて改正された日米物品役務相互提供協定（正式名称「日本国の自衛隊とアメリカ合衆国軍隊との間における後方支援、物品又は役務の相互の提供に関する日本国政府とアメリカ合衆国政府との間の協定」（平成八条約四））四条によれば、周辺事態に際して要請される後方支援の具体的内容は、次の通りである。

食料、水、宿泊、輸送（空輸を含む。）、燃料・油脂・潤滑油、被服、通信、衛生業務、基地支援、保管、施設の利用、部品・構成品、修理・整備及び空港・港湾業務である。

これらのうち、基地支援とは廃棄物の収集及び処理、洗濯、給電、環境面の支援、消毒器具及び消毒並びにこれらに類するもの、保管とは倉庫又は冷蔵貯蔵室における一時的保管及びこれらに類するもの、施設の利用とは建物、訓練施設及び駐機場の一時的利用並びにこれらに類するもの、部品・構成品とは軍用航空機、軍用車両及び軍用船舶の部品又は構成品並びにこれらに類するもの、空港・港湾業務とは航空機の離発着及び艦船の出入港に対する支援、積卸作業並びにこれらに類するものである（同協定付表参照）。

これらの細目から民間に依頼される協力の具体的内容をある程度割り出すことは可能と考えられる。

ところで、周辺事態安全確保法の目的は「日米安保条約の効果的な運用に寄与し、我が国の平和及び安全の確保に資すること」（同法一条）にある。そして、周辺事態への対応措置の一つである「後方地域支援」とは、「周辺事態に際して日米安保条約の目的の達成に寄与する活動を行っている」という限定はあるものの、とりもなおさず合衆国軍隊に対する物品及び役務の提供、便益の供与を初めとする支援措置にほかならない。これはアメリカにとってどのような意味を有するのであろうか。

この問題に直接答えるものではないが、クレヴェルト・前掲『補給戦』（七三頁）の一節をもって語れば次のようなことになろう。

戦争における補給方法として二つある。現地補給（徴発・調達）と軍需品倉庫がそれである。わが国が後方地域であり続ける限り、語の厳密な意味では現地補給とはいいがたいが、機能的にみれば現地補給といってもいいほどの役割をわが国は果たすこととなる。他方、後方地域支援にあたりわが国が合衆国軍隊の軍需品倉庫そのものではないにせよ、そのようなものとして機能する可能性を否定することはできない。したがって、周辺事態安全確保法の後方地域支援を考えると、わが国は合衆国軍隊への補給という点では機能的には現地でもあり得るし、軍需品倉庫でもありうるということになる。日米安保条約が「日本国とアメリカ合衆国との間の相互協力」を謳うものである以上、そこには「友好関係」が前提されており、してみれば補給の高い実効性も予定されていると考えられる。

◇　**補給に関する考え方**

◉フランス対ドイツの激突　一八七〇年七月一三日、プロシャはエムスに滞在中のプロシャ王宛電報の修正済み訳文を発表し、その二日後他のドイツ国家とともにフランスに対して戦争に入った（クレヴェルト・前掲『補給戦』八五頁）。

現地の田野は、パリへの食糧供給のためすでにフランス軍によって絞り取られていたため、徴発は現金払いでやるのが最もよいと決められた。そして、その現金は、それより二五〇年前にヴァレンシュタインが行ったのと全く同じように、途中の町々に軍税を課すことによって得られたのである。私有財産に対するこの尊敬心の欠如ゆえに、ドイツ軍は満載した食糧補給部隊とともにルワン川に到達したのだった。フランスが「国民」軍を作り、戦争が騎士道的でなくなって苛烈な性格を帯びるにつれ、最後には徴発物資に対して金を支払うという常例さえ放棄された（同書九六頁）。

◉（連合国軍は、その有するトラック輸送隊や天候のよい夏季という作戦展開時期等からして、兵站面では恵まれていたし、加えて―小針）敵飛行機の活動は少ししかなかったし、友好的な住民は破壊活動に加わるより、むしろ援助を提供してくれた。だが、このような好条件にもかかわらず、連合国軍の攻勢は常に兵站専門家から反対を受けていた。有名な引用句を借りれば、補給という王国でどこかが腐っていた（同・二〇五頁）。

［クレヴェルト・前掲『補給戦』からの引用］

ところで、周辺事態に際しての後方支援に伴う経費負担等の問題はどのように処理されるのであろうか。

今日、軍税の賦課徴収でもあるまいし、徴発物資に対する未払いも考えがたい。この問題には、現在、日米物品役務相互提供協定七条に基づく日米手続取極（正式名称「日本国の自衛隊とアメリカ合衆国軍隊との間における後方支援、物品又は役務の相互の提供に関する日本国政府とアメリカ合衆国政府との間の協定第七条に基づく日本国防衛庁とアメリカ合衆国国防省との間の手続取極」）五条（返還及び償還）、六条（価格）の詳細な規定によって一応の解答が出されている（詳細は同「手続取極」に譲るが、協定及び手続取極に規定する決済手続につき極めて簡単に触れることとする）。

〈寸　評〉

この手続取極は「日米物品役務相互提供協定七条に基づく」とされているが、協定をみる限り、その八条に「手続取極は、両当事国政府の権限のある当局の間で締結される。」と定められているところから、「八条に基づく」と解されるべきであろう。

決済手続の原則はこの協定五条の定めるところで「（この協定に基づく）物品の提供」と「（この協定に基づく）役務の提供」に係る決済手続はこうである。

◉「（この協定に基づく）物品の提供」の場合（協定五条一）

①　物品を受領した当事国政府（受領当事国政府）からこの物品を提供した当事国政府（提供当事国政府）に対し、提供当事国政府にとって満足のできる状態及び方法でこの物品を返還する（当該物品の返還）。

②　提供された物品が消耗品である場合又は①のような返還ができない場合には、受領当事国政府は、同種、同等及び同量の物品を提供当事国政府にとって満足のできる状態及び方法で返還する（代替物等の返還）。

③　②のような返還ができない場合には、受領当事国政府は、提供当事国政府の指定する通貨により償還する。

◉「（この協定に基づく）役務の提供」の場合（協定五条二）

受領当事国政府は、提供された役務を提供当事国政府の指定する通貨により償還するか又は同種かつ同等の価値を有する役務を提供することによって決済する。

なお、「いずれの当事国政府も、この協定に基づいて提供される役務に対して内国消費税を課してはならない。」と定められている（協定五条三）。

ところで、物品又は役務の償還価格を決定するのが上記の「手続取極」である。

この手続取極はその六条で「価格」につき定めているが、例えば、アメリカ合衆国軍隊の在庫から提供される物品については、同一品目につき他のアメリカ合衆国軍隊に課されるのと同一の価格が自衛隊に課される。反対に自衛隊の在庫から提供される物品についていえば、課される価格は調達の費用とされる（手続取極六条一ａ）。

また、「役務の価格」については、両当事者が事前に合意する単価に基づいて決定される（六条二）。

第6章　自衛隊と日米安保体制

わが国の防衛法制を考察するとき、決して無視できない条約が新旧の「日米安全保障条約（以下「安保条約」という）」であり、まさにこの安保条約こそがわが国防衛法制の原点（要諦）といっても過言ではない。

そこで、以下においては新旧二つの「安保条約」に言及し、その周辺にもふれることにしたい。

Ⅰ　旧安保条約

昭和二七年四月二八日条約六号、失効昭和三五年六月二三日
正式名称「日本国とアメリカ合衆国との間の安全保障条約」

㈠　その背景

前掲・安全保障法制をも参照しながら、「日本国とアメリカ合衆国との間の安全保障条約（以下「旧安保条約」という）」の背景を探ってみよう。

第二次大戦後の国際状況下、国連は東西冷戦の最中にあり、国連憲章が謳う平和維持機能を果たすうえで、機構的・機能的にも極めて不十分であった。そのような中で、日本の安全保障政策を考えるとき、国連の機能が効果を発揮するまでの間、わが国が仮に他国による武力攻撃（侵略）を受けた場合、友好的な第三国との連携協力によって自国の独立を保持する以外に方法がなかったのである（前掲・安全保障法制三〇二頁）。

この点につき、旧安保条約前文は次のように謳っている。

「日本国は、武装を解除されているので、平和条約の効力発生の時において固有の自衛権を行使する有効な手段をもたない。

無責任な軍国主義がまだ世界から駆逐されていないので、前記の状態にある日本国には危険がある。」（前文一、二段）

したがって、日本は「アメリカ合衆国との安全保障条約を希望する」ということになった（前文二段）。ところで、平和条約は日本が集団的安全保障取極の締結権を有することを承認し、他方国連憲章は全ての国が個別的・集団的自衛権を有することを認めている（前文三段）。このことを踏まえ、これらの権利行使として、自国防衛の暫定措置として、日本は国内及びその附近にアメリカがその軍隊を維持することを希望した（前文四段）。

これはある意味で、当時の国際情勢と日米間の思惑とを合致させた。すなわち、日本の独立保全の方法として、平和条約の履行監視を理由とする米軍の日本駐留は、当時、冷戦下における共産主義の台頭に疑念を抱いていた米国にとり、対ソ抑止戦略上日本を同盟国化しておくことになり、米国の国益にも合致していた。それはまた、戦後もまだ根強かったオーストラリアやニュージーランドなどの対日不信感の払拭にも役立つものと思われたのであった（前掲・安全保障法制三〇二頁）。

こうした事情もあって、日本が再び攻撃的な脅威とならないように警戒しつつも、他方日本の防衛面での自己責任にもふれられているのであって、この点につき、前文は「直接及び間接の侵略に対する自国の防衛のため漸増的に自ら責任を負うことを期待する」（前文五段）と宣言し、アメリカ側の日本に対する期待を表明している。

実は当初、米国は日本を非武装・非軍事化する意向であったといわれている。しかしながら、東西冷戦の激化はアジアにおける日本の地位を激変させた。すなわち、経済力と軍事力の向上を目指して、日本の同盟国化政策が強調され始めた。この流れを一挙に加速させたのが一九五〇（昭和二五）年六月に勃発したいわゆる「朝鮮戦争」であった。このような国際情勢の変貌を背にして締結されたのが先に見た前文と五条からなる旧安保条約（昭和二七年四月二八日条約六号、失効昭和三五年六月二三日。）であった。昭和二七年四月二八日、奇《く》しくも同条約とともに平和条約（対日講和条約）も発効し、わが国はその独立を回復したのである。

当時、わが国に存在した実力組織といえば、昭和二五年八月に発足した警察予備隊であって、海上保安庁に海上警備隊が発足したのは旧安保条約の発効に先立つ二日前の昭和二七年四月二六日のことであった。そして、自衛隊の前身である警備隊及び保安隊が発足したのはそれぞれ同年八月一日、一〇月一五日である。

㈡　その特色

旧安保条約は、その内容をみると、平和条約発効後もなお引き続き合衆国軍隊の日本駐留を可能にするためのもので、いわば平和条約の前提条件というべきものであった。そのためか、合衆国には諸権利のみあって義務、とりわけ日本防衛の義務はなく、加えて期限規定もなく、その意味で不平等・不完全な条約であったといわなければならない。特に、アメリカによる「日本防衛の義務」に一言ふれれば、「アメリカ合衆国の陸軍、空軍及び海軍」、すなわち合衆国軍隊は「外部からの武力攻撃に対する日本国の安全に寄与するために使用することができる」（同条約一条）とのみ定められており、その意味では「日本防衛の義務」規定とはいいがたい側面を有していた。ちなみに、現行安保条約（以下「安保条約」という）五条は次のように定め、共通の危険への対処行動を宣言している。ただし、この対処行動がアメリカによるその集団的自衛権に基づく日本防衛をただちに意味するものかは、検討の余地がある。ただ、前掲・安全保障法制は「米国の実質的な対日防衛義務を明確化した」（三〇二頁）と述べている。

「各締約国は、日本国の施政の下にある領域における、いずれか一方に対する武力攻撃が、自国の平和及び安全を危うくするものであることを認め、自国の憲法上の規定及び手続に従って共通の危険に対処するように行動することを宣言する。」（安保条約五条）

このように、この旧安保条約には多くの問題点がみられ、とりわけ独立国としてみた場合、内容的に不適切な点が存した。そのいくつかを挙げれば、次のとおりである（以下は、前掲・安全保障法制三〇四〜三〇五頁に拠る）。

第一に、米軍駐留の権利の明確性に比べ、同軍の日本防衛義務が不明確であること。

第二に、米軍の指揮権に対し、内乱等の際を除いて日本側の意向の一切が排除されていること。とりわけ「極東」（The Far East）の範囲といったあいまいさを残したまま、日本国の全土基地方式による施設・区域の使用権を認めることの危険性が大きいこと。

第三に、「日本国政府の明示の要請」を前提とはしているが、内乱等に対する米軍の介入をみとめていること。国内の治安維持のために外国軍の援助を求める明文規定は仮にも独立国としては好ましいものではない（以上、一条関係)。

第四に、第一条の諸権利が行使される間、米国の「事前の同意なくして」、基地に関する諸権利、駐兵や演習及び軍隊の通過に関する諸権利を「第三国に許与しない」としていること。これは、やはり独立国の立場からすれば許容しがたいことである（二条関係)。

第五に、同安保条約三条に基づき締結された日米行政協定二四条に規定する「日本区域」・「敵対行為」・「共同措置」等の概念が漠然不明確であること（三条関係)。

(三)　その実施に向けての国内法等の整備

旧安保条約の締結に伴い、わが国ではその実施に向けて国内法上の整備が行われ、次に掲げる行政協定や特別法が制定された（以下に掲げる協定等は、現代法制資料編纂会『戦後占領下法令集』（国書刊行会、昭和五九）に拠る)。

①　日本国とアメリカ合衆国との間の安全保障条約第三条に基く行政協定（調印昭和二七年二月二八日、発効昭和二七年四月二八日）

ちなみに旧安保条約三条は、「アメリカ合衆国の軍隊の日本国内及びその附近における配備を規律する条件は、両政府間の行政協定で決定する」と定めていた。①の日米行政協定は、本条を受けてのものである。一口に言えば、この協定はアメリカ合衆国の軍隊へ施設・区域・役務等の便益を提供するものである。

この協定の二条には、合衆国に対し「施設及び区域」の使用を許すことに同意する旨の規定があるが、協定全体の規定事項についていえば現行の米軍地位協定とほぼ同様である。したがって、以下に触れる「三　米軍地位

協定　㈠米軍地位協定」を参照されたい。

ただ若干のコメントを行えば、次のとおりである。

第一に、主に専属的逮捕権につき定めるのがこの協定であり、他方主に専属的裁判権を規定するのが現行の米軍地位協定である。

第二に、この協定の一七条二は、いつでも放棄できるとしてはいるものの、「合衆国の軍事裁判所及び当局は、合衆国軍隊の構成員及び軍属並びにそれらの家族（日本の国籍のみを有する者を除く。）が日本国内で犯すすべての罪について、専属的裁判権を日本国内で行使する権利を有する」と定め、このような犯罪に対する刑事裁判権をわが国に認めていなかった。けれども、現行の米軍地位協定一七条一(b)では「日本国の当局は、合衆国軍隊の構成員及び軍属並びにそれらの家族に対し、日本国の領域内で犯す罪で日本国の法令によって罰することができるものについて、裁判権を有する」と規定し、わが国の裁判権を認めている。

第三に、刑事事件ともなれば捜索・差押が当然想定されるところであるが、この協定の一七条三(g)の定めるところによると、結局、合衆国軍隊が使用する施設及び区域の内外を含め、合衆国軍隊の構成員・軍属・それらの家族の身体又は財産に対する捜索・差押は認めるところではなかった（ただし、後述する刑事特別法一三条によれば、施設又は区域内の差押・捜索等は、合衆国軍隊の権限ある者の承認を受けて、又はその者へ嘱託して行うことができ（同条一項）、他方施設又は区域外の差押・捜索等は、およそ逮捕を前提する限り、このような承認や嘱託を要することなく可能とされた（同条二項））。しかしながら、現行の米軍地位協定一七条六(a)においては犯罪に関する全ての必要な捜査の実施並びに証拠の収集及び提出（犯罪に関連する物件の押収及び相当な場合にはその引渡しを含む。）につき、日米両当局の相互援助義務が定められている。

第四に、この協定の二四条は「日本区域において敵対行為又は敵対行為の急迫した脅威が生じた場合」における日米両国政府の即時の協議義務を定めているが、この協議は現在米軍地位協定ではなく現行安保条約四条に引き継がれている。

なお、この協定は、昭和三五年の新（現行）安保条約の締結に伴い、「日本国とアメリカ合衆国との間の相互協力及び安全保障条約第六条に基づく施設及び区域並びに日本国における合衆国軍隊の地位に関する協定」、いわゆる「米軍地位協定」に代えられた。

② 日本国とアメリカ合衆国との間の安全保障条約第三条に基く行政協定の実施に伴う土地等の使用等に関する特別措置法（昭和二七年五月一五日法律一四〇号、施行昭和二七年五月一五日）

この法律の存在意義は、日本国に駐留するアメリカ合衆国の軍隊（駐留軍）の用に供する土地等の使用又は収用を通常よりも容易にすることにある。なお、土地等の使用又は収用認定にかかる一連の手続は四条以下の定めるところである。その流れはおおよそ次のようになろう。

・調達局長（土地等の所有者又は関係人の意見書その他政令で定める書類＋使用認定申請書又は収用認定申請書）
←
・調達庁長官
←
・内閣総理大臣
←
・内閣総理大臣による土地等の使用又は収用認定
（以下、省略）

なお、新安保条約締結に伴い「日本国とアメリカ合衆国との間の相互協力及び安全保障条約第六条に基づく施設及び区域並びに日本国における合衆国軍隊の地位に関する協定の実施に伴う土地等の使用等に関する特別措置法」と改称され、一部変更の上存続。

③　日本国とアメリカ合衆国との間の安全保障条約第三条に基く行政協定に伴う民事特別法（昭和二七年四月二八日法律一二一号、施行昭和二七年四月二八日）

この法律は、さながら合衆国軍隊版国家賠償法といってよい。例えば、合衆国軍隊の構成員又は被用者が、その職務を行うについて、日本国内において違法に他人に損害を加えたときは、国がその損害を賠償する責に任ずることとなる（一条）。また、合衆国軍隊の占有等する土地の工作物その他の物件の設置又は管理に瑕疵《かし》があったために日本国内において他人に損害を生じたときも同様で、国がその損害を賠償する責に任ずる（二条）。なお、新安保条約締結に伴い「日本国とアメリカ合衆国との間の相互協力及び安全保障条約第六条に基づく施設及び区域並びに日本国における合衆国軍隊の地位に関する協定の実施に伴う民事特別法」と改称され、一部変更の上存続。

④　日本国とアメリカ合衆国との間の安全保障条約第三条に基く行政協定に伴う刑事特別法（昭和二七年五月七日法律一三八号、施行昭和二七年五月七日）

この法律は、要するに合衆国軍隊及び合衆国軍事裁判所にかかる刑事犯罪と刑事手続を定めている。例えば、刑事犯罪、すなわち「罪」としては「施設又は区域を侵す罪」・「証拠を隠滅する等の罪」・「偽証等の罪」・「軍用物を損壊する等の罪」・「合衆国軍隊の機密を侵す罪」・「制服を不当に着用する罪」などが規定されており、又「施設又は区域内の逮捕等」・「施設又は区域外で逮捕された合衆国軍隊要員の引渡」・「合衆国軍隊によって逮捕された者の受領」・「施設又は区域内の差押、捜索等」及び捜査・証人・証拠等、一連の刑事手続を定めていた。なお、合衆国軍隊の機密を侵す罪につき付言すれば、漏えいのみならず探知・収集も罪とされている点は注目に値する。このスタンスは今日においても合衆国軍隊がらみの特別秘密保護法制において踏襲されている。

なお、新安保条約締結に伴い「日本国とアメリカ合衆国との間の相互協力及び安全保障条約第六条に基づく施設及び区域並びに日本国における合衆国軍隊の地位に関する協定の実施に伴う刑事特別法」と改称され、一部変更の上存続。

Ⅱ　安保条約

昭和三五年六月二三日条約六号、発効昭和三五年六月二三日

正式名称「日本国とアメリカ合衆国との間の相互協力及び安全保障条約」

㈠　その背景と経緯

旧安保条約の前述した片務性と不平等性、すなわち対米従属性を克服し、名実ともに対等な二国間条約に改定すべく、その存在を賭してこのような政治課題に取り組んだのが岸内閣であった。けれども、政府与党の強引な手法や国会運営に対する大衆の反発も強く、国会周辺は連日の激しいデモにみまわれ、喧騒に支配された。このような状況の下、わが国において条約の改定作業がその実を結んだのは昭和三五年六月一九日のことであった。新同日に先立つ三〇日前の五月一九日、衆議院において国会の会期延長が自民党単独により可決されたうえで、新（現行）安保条約の締結が強行採決により承認され、参議院に送付された。その三〇日後の六月一九日、同条約は憲法六一条により準用される六〇条二項により自然承認されたのであった。安保条約はこのような成立過程を経て、今日に至っているのである。

㈡　その特色

さて、旧安保条約との対比でみていくと、安保条約にはいくつかの特色が認められる。

第一に、これで十分かの論議はひとまず措けば、旧安保条約で問題となった対米従属性の克服を指摘できる。まず、わが国政府の明示の要請に応じてとはいうものの、国内における大規模な内乱や騒じょうを鎮圧するための合衆国軍隊の出動を認める条文が削除されたこと。次に、旧安保条約一条の諸権利が行使される間、米国の「事前の同意なくして」、基地に関する諸権利、駐兵や演習及び軍隊の通過に関する諸権利を「第三国に許与しない」と定める同条約三条も削除されたこと。

第二に、国連憲章が条約の前面に登場し、締結国である日米両国の憲章遵守の姿勢が明確に打ち出されたこと。例えば、前文は安保条約締結の動機の一つとして「国際連合憲章の目的及び原則に対する信念」の再確認を掲げ、また同条約一条は国連憲章二条四の「武力不使用（威嚇と行使の否定）」原則の尊重を定め、さらに国連の強化に向けての日米両国の努力を謳っている（「国際の平和及び安全を維持する国際連合の任務が一層効果的に遂行されるように国際連合を強化することに努力する」）。

第三に、旧安保条約と異なり、安保条約はその正式名称からもうかがわれるように、日米間の「相互協力」をもその内容としていること。

その趣旨を受けて、二条は日米両国という「締約国は、その国際経済政策におけるくい違いを除くことに努め、また、両国の間の経済的協力を促進する」と定める。

第四に、日本及びその附近での合衆国軍隊の駐留（施設及び区域使用）目的が旧安保条約では「日本国に対する武力攻撃を阻止するため」（前文四段）とあったが、安保条約においては「日本国の安全に寄与し、並びに極東における国際の平和及び安全の維持に寄与するため」（六条）とされたこと。もっとも、いわゆる「極東」についでは旧安保条約においても、合衆国軍隊は「極東における国際の平和と安全の維持に寄与」するために使用することができる旨定められていたので（同条約一条）、実質的変更ではないといえなくもない。ただ、施設及び区域使用目的の一つとしてわが国のみならず、地理的に曖昧な「概念」である「極東」の「国際の平和及び安全の維持」が掲げられたことは注意を要する。合衆国軍隊はこのような目的のためにもわが国の「施設及び区域」を使用し、軍事行動をとることができる道筋が安保条約においても維持されたといえるからである。ただ、四条が「いずれか一方の締約国の要請」による協議を定めていることも併せて考慮されなければならない。

なお、「極東」の範囲については地理学的に画定された定義はないが、一般に次のように解されている（ただし、米軍の執る行動範囲は実際の武力攻撃の発生などによって決定され、厳格に地理的に限定されるものではない、という留保は必要である）。

「日米両国が共通の関心を有し、また米軍が日本の施設・区域を使用して武力攻撃に対する防衛に寄与しうる区域」で、「大体においてフィリピン以北の日本周辺地域であって、韓国および中華民国の支配下にある地域もこれに含まれる」（外務省情報文化局編「新しい日米間の相互協力・安全保障条約」『世界の動き』一九六〇年七月号一七頁。ここでは、前掲・安全保障法制三二〇〜三二一頁からの引用）。

第五に、条約の効力を一応一〇年とし、それ以降は何れか一方の締約国からの終了意思の通告がなされない限り、自動延長されること。ただ、終了意思の通告があれば、通告後一年で終了すること（一〇条）。

Ⅲ　米軍地位協定

基本条約（ここでは新・旧安保条約）の実施細目を定める協定を、一般に「行政協定」または「行政取極」と呼んでいる。この行政協定締結への国会承認につき一言ふれれば、こうである。すなわち、基本条約締結への承認が実施細目の行政協定への委任に対する承認をも含むとすれば、既に基本条約締結の方に承認が与えられている以上、「行政協定」締結自体に対する改めての国会承認は不要と解される。

実は旧安保条約の締結においても、その三条（「アメリカ合衆国の軍隊の日本国内及びその附近における配備を規律する条件は、両政府間の行政協定で決定する」）に基づき、日米行政協定が取り結ばれたが、この協定締結への国会承認が求められなかった。ためにその合憲性が争われたとき、最高裁は現実の日米行政協定は基本条約である旧安保条約の「委任の範囲内」のもの、との論理で合憲とした（最大判昭和三四年一二月一六日刑集一三・一三・三二二五）。

ところで、現行の安保条約の締結を受け、旧安保条約と同様、その六条（先の日米行政協定とは別個の協定・取極を予定している）に基づき、その実施細目を定めるため、日米政府間において米軍地位協定が締結された。この米軍地位協定はその委任があまりにも包括的であったため、日米行政協定と異なり、国会の承認措置がとられた。

著者のみるところでは、この米軍地位協定のわが国国内法制への影響は誠に大なるものがある。したがって、以下において米軍地位協定を一瞥する。

㈠　米軍地位協定

極めて単純化していえば、米軍地位協定は米軍（合衆国軍隊）等に対する施設及び区域の使用における優遇・公租公課の免除・特例措置などを柱とする便益供与協定である。以下において、この便益供与を「積極的便益供与」（特例・優先権・優遇・提供・承認）と「消極的便益供与」（義務を負わない・税を課せられない・管理に服さない）とに大別し、各々につき言及する。

〈積極的便益供与〉：「優遇・優先権・提供・承認・特例」

① 使用における優遇（二条、三条一項）

日本国内の「施設及び区域」の使用を許され、この「施設及び区域」には、当該施設及び区域の運営に必要な現存の設備、備品及び定着物が含まれる。さらに、合衆国は、施設及び区域内において、それらの設定、運営、警護及び管理のための必要なすべての措置を執ることができる。

② 利用における優先権（七条）

合衆国軍隊は、所定の条件で、日本国政府が有し、管理し、又は規制するすべての公益事業及び公共の役務を利用し、並びにその利用における優先権を享有する（七条）。

③ 気象業務の提供（八条）

次に掲げる気象業務情報が合衆国軍隊へ提供される。

（ア）地上及び海上からの気象観測（気象観測船からの観測を含む。）

（イ）気象資料（気象庁の定期的概報及び過去の資料を含む。）
（ウ）航空機の安全かつ正確な運航のため必要な気象情報を報ずる電気通信業務
（エ）地震観測の資料（地震から生ずる津波の予想される程度及びその津波の影響を受ける区域の予報を含む。）

④　運転許可（免許）証の有効性の承認（一〇条一項）

合衆国軍隊の構成員及び軍属並びにそれらの家族に対する合衆国発給の運転許可証又は運転免許証はわが国においても有効なものとして承認される。

⑤　裁判権の特例・調整（一七条）、外交為替（外為）の特例措置（一九条）

合衆国の軍当局の刑事及び懲戒の裁判権並びに日本国の当局の裁判権、各当局の専属的裁判権、裁判権を行使する権利が競合する場合の調整などに関する規定が定められている。ちなみに、合衆国の軍当局の合衆国軍隊の構成員及び軍属に対する第一次裁判権は次に掲げるとおりである。

（ア）もっぱら合衆国の財産若しくは安全にのみに対する罪又はもっぱら合衆国軍隊の他の構成員若しくは軍属若しくは合衆国軍隊の構成員若しくは軍属の家族の身体若しくは財産のみに対する罪

（イ）公務執行中の作為又は不作為から生ずる罪

その他の罪については、日本国の当局が、第一次的裁判権を行使する（一七条三項）。

なお、駐留合衆国軍隊の構成員等がわが国において犯罪を犯したとき、しばしば問題になるのが被疑者の身柄引渡であるが、協定上、わが国による公訴提起までの間、その者の身柄が合衆国の手中にある限り、あくまでも合衆国によってその拘禁が行われる建前になっている。これを定めるのが、一七条五項（c）で以下のとおりである。

「日本国が裁判権を行使すべき合衆国軍隊の構成員又は軍属たる被疑者の拘禁は、その者の身柄が合衆国の手中にあるときは、日本国により公訴が提起されるまでの間、合衆国が引き続き行なうものとする。」

同条にはこれら以外にも説明すべき事項はあるが、単に指摘するにとどめる。

・両当局間の犯罪捜査の実施、証拠の収集・提出等にかかる相互援助規定（同条六項）

・死刑判決の執行、自由刑の執行に関する規定（死刑等刑の執行規定）（七項）

・被告人がこの条の規定に従って何れかの当局により裁判を受けた場合の調整規定（八項）

・合衆国軍隊の構成員及び軍属並びにそれらの家族が、日本国の裁判権に基づき公訴を提起された場合に保障される刑事手続上の各種の権利（九項）

・合衆国軍隊の正規に編成された部隊又は編成隊の警察権行使及び合衆国軍隊の軍事警察（一〇項）

⑥　合衆国軍票に関する特例（二〇条）

ドルをもって表示される合衆国軍票は、合衆国によって認可された者が、合衆国軍隊の使用している施設及び区域内における相互間の取引のため使用することができる。

⑦　合衆国軍事郵便局に関する特例（二一条）

合衆国は、合衆国軍隊の構成員等の利用する合衆国軍事郵便局を、日本国内にある軍事郵便局相互間及びこれらの軍事郵便局と他の合衆国郵便局との間における郵便物の送達のため、合衆国軍隊が使用している施設及び区域内に設置、運営することができる。

⑧　合衆国軍隊の予備役団体への編入（二二条）

合衆国は、日本国に在留する適格の合衆国市民で合衆国軍隊の予備役団体への編入の申請を行なうものを同団体に編入し、及び訓練することができる。

⑨　「経費」負担に関する特例（二四条）

二四条一項によれば、例外的に二項により日本が負担すべきものを除き、日本国に合衆国軍隊を維持することに伴うすべての経費は、原則合衆国が負担することとされている。

日本が例外的に負担するものを具体的に挙げれば、次に掲げるとおりである。

第一に、二条及び三条に定めるすべての施設及び区域並びに路線権（飛行場及び港における施設及び区域のように共同に使用される施設及び区域を含む。）を、この協定の存続期間中、合衆国に負担をかけないで提供すること。

第二に、相当の場合に施設及び区域並びに路線権の所有者及び提供者に補償を行うこと。

そして、本条に関して重要なことは、三項において「この協定に基づいて生ずる資金上の取引に適用すべき経理のため、日本国政府と合衆国政府との間に取極を行なうこと」が合意されていることである。この規定を受けて、いわゆる七ヵ条からなる「米軍地位協定第二四条についての新たな特別の措置に関する日本国とアメリカ合衆国との間の協定（正式名称「日本国とアメリカ合衆国との間の相互協力及び安全保障条約第六条に基づく施設及び区域並びに日本国における合衆国軍隊の地位に関する協定第二十四条についての新たな特別の措置に関する日本国とアメリカ合衆国との間の協定」）」（平成一二年一二月二二日条約一二）が取り極められた。

〈消極的便益供与〉：「義務免除・適用除外・放棄等（負わない・課せられない・服さない）」

① 原状回復義務・補償義務免除（四条）

合衆国は、その施設及び区域を返還するに際して、原状回復義務又はそれに代わる補償義務を負わない。

② 「入港料又は着陸料」・「道路使用料その他の課徴金」・「強制水先」の免除（五条一項・二項（課さない）・三項（免除））

合衆国及び合衆国以外の国の船舶及び航空機が合衆国による等所定の要件のもとで運航される場合には、「入港料又は着陸料」を課されない（五条一項）。また、合衆国の軍用車両の施設及び区域への出入並びにこれらのものの間の移動には、「道路使用料その他の課徴金」を課さない（同条二項）。さらに、一項に掲げる船舶は、「強制水先」を免除される（同条三項）。

③　租税及び類似の公課の免除（一一条二項・七項、一二条三項、一三条一項・二項・三項）

所定の証明書は必要であるが、合衆国軍隊等が所定の用に供するためにする資材、需品及び備品の輸入には関税その他の課徴金を課さない（一一条二項）。また、関税等の課徴金の免除を受けて日本国に輸入された物は、同様の免除を受けて再輸出することができる（同条七項）。なお、合衆国軍隊等が適当な証明書を附して日本国で公用のため調達する資材、需品、備品及び役務に対しては、物品税・通行税・揮発油税・電気ガス税が免除される（一二条三項）。さらに、合衆国軍隊が日本国において保有し、使用し、又は移転する財産については、合衆国軍隊には租税又は類似の公課が課されない（一三条一項）。加えて、合衆国軍隊の構成員及び軍属並びにそれらの家族は、これらの者が合衆国軍隊に勤務するなどした結果受ける所得について、日本の租税を納付する義務を負わない（同条二項）。また、これらの者が一時的に日本国にあることのみに基づいて日本国に所在する有体又は無体の動産の保有、使用等についての日本国における租税を免除される（同条三項）。

④　税関検査の免除（一一条五項）

税関検査は、次のものの場合には行われないこととされている。

（ア）命令により日本国に入国し、又は日本国から出国する合衆国軍隊の部隊

（イ）公用の封印がある公文書及び合衆国軍事郵便路線上にある公用郵便物

（ウ）合衆国政府の船荷証券により船積みされる軍事貨物

⑤　わが国法令の適用除外（九条二項・三項・四項）

合衆国軍隊の構成員は「旅券及び査証に関する日本国の法令」の適用から除外され、合衆国軍隊の構成員及び軍属並びにそれらの家族は「外国人の登録及び管理に関する日本国の法令」の適用から除外される。ただし、日本国にある間、合衆国軍隊の構成員には身分証明書の携帯義務及び所定の場合の提示義務（同条三項）が課せられており、他方軍属、その家族及び合衆国軍隊の構成員の家族には、日本国から若しくは日本国への出入国にあたり、又は日本国にある間、合衆国当局発給の「適当な文書」の携帯が義務付けられている（同条四項）。

⑥　日本の管理への服従免除（一五条一項）

合衆国の軍当局が公認し、かつ、規制する海軍販売所、ピー・エックス、食堂、社交クラブ、劇場、新聞その他の歳出外資金による諸機関は、この協定に別段の定めがある場合を除くほか、日本の規制、免許、手数料、租税又は類似の管理に服さない。

⑦　賠償請求権の放棄（一八条一項）

本項に規定する「財産」とは、自国が所有し、かつ、自国の陸上、海上又は航空の防衛隊が使用する財産であるが、所定の場合において日米各防衛隊の使用財産の損害に対しては各当事国は全ての賠償請求権を放棄する。

〈その他〉

その他として、日本国における日本の法令の尊重義務（一六条）、日米両国の相互協力（二三条）、この協定の国内法上の承認手続（承認の義務付け）・交換公文（二六条一項）及びこの協定の効力発生日（昭和三五年六月二三日）（安保条約の効力発生日）・旧日米行政協定の終了（失効）（同条二項）、合同委員会（二五条）、この協定の条文の交渉による改正（二七条）、協定及びその改正の有効期間（二八条）などの規定もみられるが、ここでは「合同委員会」とこの協定及びその改正の有効期間に的を絞り付言する。

図14　安全保障問題に関する日米両国政府の関係者間の主な協議の場

協議の場	出席対象者		目的	根拠
	日本側	米側		
日米安全保障協議委員会（SCC）（Security Consultative Committee）	外務大臣 防衛庁長官	国務長官 国防長官 （注1）	日米両政府間の理解の促進に役立ち、及び安全保障の分野における協力関係の強化に貢献するような問題で安全保障の基盤をなし、かつ、これに関連するものについて検討。	安保条約第4条を根拠とし、昭和35年1月19日付内閣総理大臣と米国国務長官との往復書簡に基づき設置。
日米安全保障高級事務レベル協議（SSC）（Security Subcommittee）	参加者は一定していない（注2）	参加者は一定していない（注2）	日米相互にとって関心のある安全保障上の諸問題について意見交換。	安保条約第4条
日米安保運用協議会（SCG）（Security Consultative Group）	外務審議官 外務省北米局長 防衛施設庁長官 防衛庁防衛局長 統幕議長など	在日米大使館公使及び参事官 在日米軍司令官及び参謀長など	安保条約及びその関連取極の運用についての協議及び調整。	安保条約第4条を根拠とし、昭和48年1月19日外務大臣と駐日米大使との会談における合意に基づき設置。
防衛協力小委員会（SDC）（Subcommittee For Defense Cooperation）（注3）	外務省北米局長 防衛庁防衛局長及び運用局長 統幕の代表 （注4）	国務次官補 国防次官補 在日米大使館、 在日米軍、 統合参謀本部、 太平洋軍の代表	緊急時における自衛隊と米軍の間の整合のとれた共同対処行動を確保するためにとるべき指針など、日米間の協力の在り方に関する研究協議。	昭和51年7月8日第16回日米安全保障協議委員会において同委員会の下部機構として設置。その後、平成8年6月28日の日米次官級協議において改組。
日米合同委員会（原則として隔週開催）	外務省北米局長 防衛施設庁長官 など	在日米軍参謀長 在日米大使館 公使・参事官など	地位協定の実施に関して協議。	地位協定第25条

（注）1　平成2年12月26日以前は、駐日米国大使・太平洋軍司令官。
2　両国次官・局長クラスなど事務レベルの要人により適宜行われている。
3　平成8年6月28日の改組時、審議官・次官補代理レベルの代理会議を設置した。
4　平成9年9月23日防衛庁運用局長が加えられた。

出典：『防衛白書』平成13年度版176頁より。

①　協議機関「(日米) 合同委員会」の設置・構成等 (二五条)

この協定の実施に関して相互間の協議を必要とする全ての事項に関する日米の協議機関として合同委員会が設置される。同委員会は、特に、合衆国が安保条約の目的の遂行に当たって使用するため必要とされる日本国内の施設及び区域を決定する協議機関としての任務を有している。

その組織・構成をみると、各国政府代表者一人で組織し、各代表者は一人または二人以上の代理及び職員団を有する。また、同委員会はその手続規則の制定、必要な補助機関・事務機関を設置し、原則として隔週に開催される。出席対象者は、日本側は外務省北米局長・防衛施設庁長官などであり、合衆国側は在日米軍参謀長・在日米大使館公使・参事官などである (一三年版防衛白書一七六頁)。

②　この協定及びその改正の有効期間 (二八条)

安保条約が有効である間、有効であるが、それ以前に、両政府間の合意によって終了させることもありうる。

(二)　米軍地位協定の実施にともなう国内法制

米軍地位協定の実施にともない、国内法制の整備のため実に各種の法令が制定されたが、ここでは主な法律名のみ掲げるにとどめる。安保条約、米軍地位協定、同協定実施のための各種法令、これら三者の有機的連関の立ち入った考察・検討は機会を改めて行いたいと考えている。

やや寸評的表現になるが、安保条約及び米軍地位協定等の安保関連条約はわが国防衛法制の中心軸をなすものといってよく、したがってわが国の防衛法制の何たるかを知るためには憲法を初めとする国内法のみの考察では足らず、これら米国との条約等 (国際法) をも視野に入れ熟慮しなければならない。このことは、正式名称で掲げる以下の法律を一瞥し、それらにふれることにより一層よく理解できるであろう。

現行防衛法制を概観してみると、日本という国が米国にとっていかにその兵站的、すなわち後方支援的役割をこれまで果たしてきたか、そして今後も益々果たし続けることになるのかが一目瞭然理解・予測でき、それはまた各種の国内法令の検証を通じても十分裏付けられることでもある。

次に掲げる諸法令は、何れも米軍地位協定に関連する一連の（臨時）特例法（電気通信事業法等・電波法・所得税法等・関税法等・国税犯則取締法等・たばこ事業法等・地方税法・郵便法・道路運送法等・水先法・航空法、これらの各法の（臨時）特例法）、特別法（民事・刑事、各特別法）、特別措置法（土地等の使用等に関する特別措置法）及びその他の法令であるが、その一々には立ち入らない。米軍地位協定実施のため、かくも多くの国内法令が制定されているという法状況を認識するだけでよい。
① 日本国とアメリカ合衆国との間の相互協力及び安全保障条約第六条に基づく施設及び区域並びに日本国における合衆国軍隊の地位に関する協定等の実施に伴う電気通信事業法等の特例に関する法律（昭和二七・四・二八法律一〇七）
＊「日本国とアメリカ合衆国との間の相互協力及び安全保障条約第六条に基づく施設及び区域並びに日本国における合衆国軍隊の地位に関する協定」が米軍地位協定であることは改めて断るまでもあるまい。
② 日本国とアメリカ合衆国との間の相互協力及び安全保障条約第六条に基づく施設及び区域並びに日本国における合衆国軍隊の地位に関する協定の実施に伴う電波法の特例に関する法律（昭和二七・四・二八法律一〇八）
③ 日本国とアメリカ合衆国との間の相互協力及び安全保障条約第六条に基づく施設及び区域並びに日本国における合衆国軍隊の地位に関する協定の実施に伴う国有の財産の管理に関する法律（昭和二七・四・二八法律一一〇）

④　日本国とアメリカ合衆国との間の相互協力及び安全保障条約第六条に基づく施設及び区域並びに日本国における合衆国軍隊の地位に関する協定の実施に伴う所得税法等の臨時特例に関する法律（昭和二七・四・二八法律一一二）

⑤　日本国とアメリカ合衆国との間の相互協力及び安全保障条約第六条に基づく施設及び区域並びに日本国における合衆国軍隊の地位に関する協定の実施に伴う関税法等の臨時特例に関する法律（昭和二七・四・二八法律一一二）

⑥　日本国とアメリカ合衆国との間の相互協力及び安全保障条約第六条に基づく施設及び区域並びに日本国における合衆国軍隊の地位に関する協定の実施に伴う国税犯則取締法等の臨時特例に関する法律（昭和二七・四・二八法律一一三）

⑦　日本国とアメリカ合衆国との間の相互協力及び安全保障条約第六条に基づく施設及び区域並びに日本国における合衆国軍隊の地位に関する協定の実施に伴うたばこ事業法等の臨時特例に関する法律（昭和二七・四・二八法律一一四）

⑧　日本国とアメリカ合衆国との間の相互協力及び安全保障条約第六条に基づく施設及び区域並びに日本国における合衆国軍隊の地位に関する協定の実施に伴う地方税法の臨時特例に関する法律（昭和二七・四・二八法律一一九）

⑨　日本国とアメリカ合衆国との間の相互協力及び安全保障条約第六条に基づく施設及び区域並びに日本国における合衆国軍隊の地位に関する協定の実施に伴う民事特別法（昭和二七・四・二八法律一二一）

⑩　日本国とアメリカ合衆国との間の相互協力及び安全保障条約第六条に基づく施設及び区域並びに日本国における合衆国軍隊の地位に関する協定の実施に伴う郵便法の特例に関する法律（昭和二七・四・二八法律一二二）

⑪　日本国とアメリカ合衆国との間の相互協力及び安全保障条約第六条に基づく施設及び区域並びに日本国における合衆国軍隊の地位に関する協定及び日本国における国際連合の軍隊の地位に関する協定の実施に伴う道路運送法等の特例に関する法律（昭和二七・四・二八法律一二三）

⑫　日本国とアメリカ合衆国との間の相互協力及び安全保障条約第六条に基づく施設及び区域並びに日本国における合衆国軍隊の地位に関する協定及び日本国における国際連合の軍隊の地位に関する協定の実施に伴う水先法の特例に関する法律（昭和二七・四・二八法律一二四）

⑬　日本国とアメリカ合衆国との間の相互協力及び安全保障条約第六条に基づく施設及び区域並びに日本国における合衆国軍隊の地位に関する協定の実施に伴う刑事特別法（昭和二七・五・七法律一三八）

⑭　日本国とアメリカ合衆国との間の相互協力及び安全保障条約第六条に基づく施設及び区域並びに日本国における合衆国軍隊の地位に関する協定の実施に伴う土地等の使用等に関する特別措置法（昭和二七・五・一五法律一四〇）

⑭—1　土地等使用等特別措置法施行令（昭和二七・五・一五政令一四九）

⑭—2　土地等使用等特別措置法施行規則（昭和二七・六・一四総理府令三〇）

⑭—3　土地等使用等特別措置法一部改正法裁決申請政令（平成九・四・二三政令一六八）

⑭—4　土地等使用等特別措置法一部改正法裁決申請内閣府令（平成九・四・二三総理府令二九）

＊　この一連の法令が主に米軍基地のための土地等の使用などを容易に確保すべく制定・改正され、今日に及んでいることは周知のとおりである。特に、沖縄県の米軍基地問題において中心的な役割を果たす法律といってよく、国外法である米軍地位協定がその根底をなしている。このことは、十分認識されてしかるべき事柄である。

⑮　日本国との平和条約の効力の発生及び日本国とアメリカ合衆国との間の安全保障条約第三条に基く行政協

定（旧安保条約三条に基く日米行政協定―小針）の実施に伴い国家公務員法等の一部を改正する等の法律（昭和二七・六・一〇法律一七四）

⑯　日本国とアメリカ合衆国との間の相互協力及び安全保障条約第六条に基づく施設及び区域並びに日本国における合衆国軍隊の地位に関する協定及び日本国における国際連合の軍隊の地位に関する協定の実施に伴う航空法の特例に関する法律（昭和二七・七・一五法律二三二）

⑰　日本国とアメリカ合衆国との間の相互協力及び安全保障条約に基づき日本国にあるアメリカ合衆国の軍隊の水面の使用に伴う漁船の操業制限等に関する法律（昭和二七・七・二一法律二四三）

このように、米軍地位協定はわが国をして米国及びその軍隊のための後方支援的基地とするものであるが、この後方支援をより端的に法制度化した法律こそが次にみる「周辺事態安全確保法」である。

Ⅳ　周辺事態安全確保法等

一九九九（平成一一）年五月二八日、法律六〇号「周辺事態に際して我が国の平和及び安全を確保するための措置に関する法律」、いわゆる「周辺事態安全確保法」が公布された。その後、同法を補完するため「周辺事態に際して実施する船舶検査活動に関する法律」（船舶検査活動法）が二〇〇〇（平成一二）年一二月六日、法律一四五号として公布され今日に至っている。両法律をひとまず周辺事態安全確保法等と呼ぶことにする。以下において、特に周辺事態安全確保法に焦点を合わせ、それに至るプロセスを考察する。

㈠　周辺事態安全確保法へのプロセス

わが国の「国防の基本方針」（昭和三二年五月二〇日国防会議決定　同日閣議決定）は次のとおりである（以下の記述にあたり、平成一三年版防衛白書を参照した。とりわけ、巻末に収録されている資料が参考となる）。

◉「国防の基本方針」

国防の目的は、直接及び間接の侵略を未然に防止し、万一侵略が行われるときはこれを排除し、もって民主主義を基調とするわが国の独立と平和を守ることにある。この目的を達成するための基本方針を次のとおり定める。

(一)　国際連合の活動を支持し、国際間の協調をはかり、世界平和の実現を期する。

(二)　民生を安定し、愛国心を高揚し、国家の安全を保障するに必要な基盤を確立する。

(三)　国力国情に応じ自衛のため必要な限度において、効率的な防衛力を漸進的に整備する。

(四)　外部からの侵略に対しては、将来国際連合が有効にこれを阻止する機能を果たし得るに至るまでは、米国との安全保障体制を基調としてこれに対処する。

この基本方針に基づき、「防衛大綱（前大綱）」が一九七六（昭和五一）年一〇月二九日、現在の安全保障会議の前身である国防会議及び閣議において決定された。

前大綱の「基本方針」・「策定理由」・「（前大綱の）見直事情」は各々次に掲げるとおりである。

◉「基本方針」

国の独立と平和を守るため、日本国憲法の下、紛争の未然防止や解決の努力を含む国際政治の安定を確保するための外交努力の推進、内政の安定による安全保障基盤の確立、日米安全保障体制の堅持及び自らの適切な防衛力の整備。

つまり、基本方針は外交面での「外交努力の推進」、内政面での「内政の安定」そして「日米関係における安保体制の堅持と自助努力」に集約される。

◉「策定理由」

かかる方針の下、一九七六（昭和五一）年、安定化のための努力が続けられている国際情勢及びわが国周辺の国際政治構造並びに国内諸情勢が当分の間大きく変化しないという前提に立ち、また、日米安全保障体制の存在が国際関係の安定維持等に大きな役割を果たし続けると判断し、策定した。

したがって、策定理由のキーワードは「国際情勢」、「周辺地域情勢」、「国内情勢」及び「日米関係」ということになる。

◉「見直事情」

大綱策定後約二〇年が経過し、冷戦の終結等により米ソ両国を中心とした東西間の軍事的対峙の構造が消滅するなど国際情勢が大きく変化するとともに、主たる任務であるわが国の防衛に加え、大規模な災害等への対応、国際平和協力業務の実施等より安定した安全保障環境の構築への貢献という分野においても、自衛隊の役割に対する期待が高まってきていること。

結局、見直事情としては、「冷戦の終結という国際情勢の大きな変化」及び「新たな自衛隊の役割への期待（例えば、大規模災害への対応や国際貢献）」をあげることができる。

こうして、「平成八年度以降に係る防衛計画の大綱について（防衛大綱）」が一九九五（平成七年）一一月二八日に安全保障会議で決定され、同日閣議決定された。これに伴い、一九七六（昭和五一）年一〇月二九日付け閣議決定「防衛計画の大綱について（前大綱）」は、平成七年度限りで廃止されることとなった。

図15　わが国に対する武力攻撃に際しての対処行動など

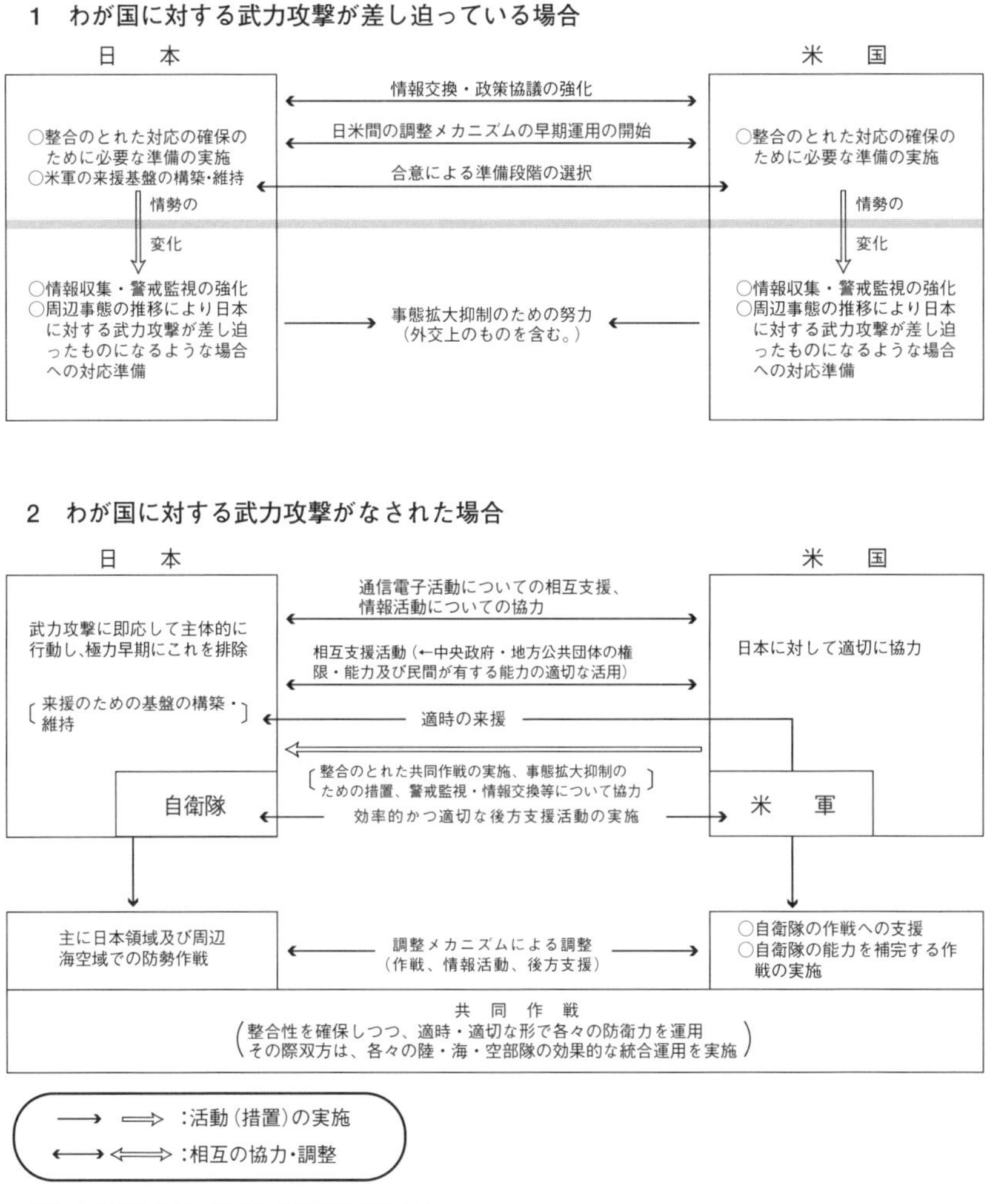
1　わが国に対する武力攻撃が差し迫っている場合
日　本
米　国
情報交換・政策協議の強化
日米間の調整メカニズムの早期運用の開始
合意による準備段階の選択
○整合のとれた対応の確保のために必要な準備の実施
○米軍の来援基盤の構築・維持
情勢の変化
○整合のとれた対応の確保のために必要な準備の実施
○情報収集・警戒監視の強化
○周辺事態の推移により日本に対する武力攻撃が差し迫ったものになるような場合への対応準備
事態拡大抑制のための努力（外交上のものを含む。）
2　わが国に対する武力攻撃がなされた場合
武力攻撃に即応して主体的に行動し、極力早期にこれを排除
（来援のための基盤の構築・維持）
通信電子活動についての相互支援、情報活動についての協力
相互支援活動（←中央政府・地方公共団体の権限・能力及び民間が有する能力の適切な活用）
日本に対して適切に協力
適時の来援
（整合のとれた共同作戦の実施、事態拡大抑制のための措置、警戒監視・情報交換等について協力）
自衛隊
米　軍
効率的かつ適切な後方支援活動の実施
主に日本領域及び周辺海空域での防勢作戦
調整メカニズムによる調整（作戦、情報活動、後方支援）
○自衛隊の作戦への支援
○自衛隊の能力を補完する作戦の実施
共　同　作　戦
（整合性を確保しつつ、適時・適切な形で各々の防衛力を運用
その際双方は、各々の陸・海・空部隊の効果的な統合運用を実施）
→　⇒：活動（措置）の実施
↔　⇔：相互の協力・調整

出典：『防衛白書』平成13年度版166頁より。

次に、防衛大綱（現大綱。以下、別段の断りがない限り、防衛大綱は現大綱を指す）が日米安保体制をどのようにとらえているかに的をしぼり、論及をくわえる。

わが国周辺地域においては、極東ロシア軍の量的な削減や軍事態勢の変化は見られるものの、依然として核戦力を含む大規模な軍事力が存在し、多くの国が軍事力の拡充・近代化を行っており、また、朝鮮半島における緊張が継続するなど、不透明・不確実な要素が残されている。しかしながら、同時に、二国間対話の拡大、地域的な安全保障への取組など、国家間の協調関係を深め、地域の安定を図ろうとする様々な動きがみられる、との国際情勢認識に立ち、日米安保体制につき次のようにいう。

「日米安全保障体制を基調とする日米両国間の緊密な協力関係は、こうした安定的な安全保障環境の建築に資するとともに、この地域の平和と安定にとって必要な米国の関与と米軍の展開を確保する基盤となり、我が国の安全及び国際社会の安定を図る上で、引き続き重要な役割を果たしていくものと考えられる」（防衛大綱　Ⅱ　国際情勢　三）と。

「日米安保体制の堅持」は、わが国の「防衛の基本方針」にふれた次の一節にも謳われている。

「我が国は、日本国憲法の下、外交努力の推進及び内政の安定による安全保障基盤の確立を図りつつ、専守防衛に徹し、他国に脅威を与えるような軍事大国とならないとの基本理念に従い、日米安保体制を堅持し、文民統制を確保し、非核三原則を守りつつ、節度ある防衛力を自主的に整備してきたところであるが、かかる我が国の基本方針は、引き続きこれを堅持するものとする」（防衛大綱　Ⅲ　我が国の安全保障と防衛力の役割　一（我が国の安全保障と防衛の基本方針））。

つまり、「日米安保体制の堅持」は、「文民統制の確保」・「非核三原則」・「節度ある防衛力の自主的整備」と並んで「防衛の基本方針」の一つとされているのである。

さらに、防衛大綱は「Ⅲ　我が国の安全保障と防衛力の役割」の中で「日米安全保障体制」にわざわざ一節を割き、次のように述べている。

「米国との日米安全保障体制は、我が国の安全の確保にとって必要不可欠なものであり、また、我が国周辺地域における平和と安定を確保し、より安定した安全保障環境を構築するためにも、引き続き重要な役割を果たしていくものと考えられる。」

これは、日米安全保障体制の重要性の再認識であり、日米安全保障体制の信頼性の向上を図り、これを有効に機能させていくために必要な施策として以下のものがあげられている。

① 情報交換、政策協議等の充実

② 共同研究並びに共同演習・共同訓練及びこれらに関する相互協力の充実等を含む運用面における効果的な協力態勢の構築

③ 装備・技術面での幅広い相互交流の充実

④ 在日米軍の駐留を円滑かつ効果的にするための各種施策の実施等

正に、これらの施策の延長線上に「日米防衛協力のための指針（現指針）」（平成九年九月二三日）が位置し、それを踏まえて合衆国軍隊への後方支援を根拠付ける周辺事態安全確保法があるといってよい（国防の基本方針→防衛大綱→現指針→周辺事態安全確保法という流れ）。

なお、防衛大綱は「後方支援の態勢」についても極めて簡単ながら次のようにふれている。

「各種の事態への対処行動等を効果的に実施するため、輸送、救難、補給、保守整備、衛生等の各後方支援分野において必要な機能を発揮し得ること」（防衛大綱　Ⅳ　我が国が保有すべき防衛力の内容　二　各種の態勢（五）後方支援の態勢）と。

さらに、一九九五（平成七）年一一月二八日、「平成八年度以降に係る防衛計画の大綱について」に関する内閣官房長官談話が発せられた。日米安全保障体制に限定すれば、次のとおりである。

「五　日米安全保障体制については、これが、我が国の安全確保にとって不可欠なものであり、また、我が国周辺地域における平和と安定を確保し、より安定した安全保障環境を構築するためにも引き続き重要な役割を果たしていくとの認識を示しております。

これは、日米安全保障体制に基づく米軍の存在と米国の関与が我が国周辺地域の安定要因となっており、また、日米安全保障体制を基調とする日米両国間の安全保障、政治、経済など各般の分野における幅広く緊密な協力関係が我が国周辺地域の平和と安定に貢献しているとの趣旨を示したものであります。したがって、ここでいう『我が国周辺地域における平和と安定を確保し』との表現により、日米安全保障条約にいう『極東』の範囲の解釈に関する政府統一見解を変更するようなものではありません（傍線―小針）。」

ここで防衛大綱への寸評をくわえれば、防衛大綱は日米安全保障体制の不可欠性およびその果たす役割の重要性を大前提にして構想され、自衛隊の多様化（主たる任務であるわが国の防衛に加えて、大規模災害等への対応、より安定した安全環境の構築への貢献など）にも配意して策定されている、ということになろう。

ところで、「周辺事態安全確保法」へ至るその後の流れは、おおよそこのようになる。

◉一九九六（平成八）年四月一七「日米安全保障共同宣言――二一世紀に向けての同盟」

◉一九九七（平成九）年六月七日「日米防衛協力のための指針の見直しに関する中間とりまとめ」

◉一九九七（平成九）年九月二三日「日米防衛協力のための指針（以下「現指針」という）」安全保障協議委員会了承

ちなみに、「前指針」は一九七八（昭和五三）年一一月二七日に日米安保協議委員会で了承され、翌日二八日に国防会議で審議の上、閣議報告了承となった。

「現指針」の概要を示せば、「Ⅰ　指針の目的」・「Ⅱ　基本的な前提及び考え方」・「Ⅲ　平素から行う協力」・「Ⅳ　日本に対する武力攻撃に際しての対処行動等」・「Ⅴ　日本周辺地域における事態で日本の平和と安全に重要な影響を与える場合（周辺事態）の協力」・「Ⅵ　指針の下で行われる効果的な防衛協力のための日米共同の取組み」・「Ⅶ　指針の適時かつ適切な見直し」からなる。

そして、Ⅴの法制化（立法化）が上記の「周辺事態安全確保法（正式名称：周辺事態に際して我が国の平和および安全を確保するための措置に関する法律）」（平成一一年五月二四日成立、二八日公布、法律第六〇号、同年八月二五日施行）であることは改めて断るまでもない。同法制定にあわせて、関連法として「自衛隊法の一部を改正する法律」および「日米物品役務相互提供協定を改正する協定（正式名称：日本国の自衛隊とアメリカ合衆国軍隊との間における後方支援、物品又は役務の相互の提供に関する日本国政府とアメリカ合衆国政府との間の協定を改正する協定）」の成立をみた。

◉一九九九（平成一一）年五月二八日「周辺事態安全確保法」公布（同年八月二五日施行）。

その後、同法を補完するため「周辺事態に際して実施する船舶検査活動に関する法律」（船舶検査活動法）が二〇〇〇（平成一二）年一二月六日、法律一四五号として公布され今日に至っている。このことは、既に述べた。

(二)　周辺事態安全確保法の成立

一九九九（平成一一）年、一四五回国会において（実質的意味の）憲法にかかる重要な法律が相次いで成立した。

例えば、「情報公開法」・「中央省庁等改革関連法」・「国会活性化法」・「憲法調査会設置法」・「国旗・国歌法」・「通信傍受法」・「改正住民基本台帳法」などがそれで、ここに取り上げる「周辺事態安全確保法」もその中の一つである。

ここでは、周辺事態安全確保法もその部分的な立法化である「現指針」の成立過程を通じて、同法成立の背景および主要論点等を概観する。

① 現指針の沿革と経緯

東西冷戦下の一九六〇（昭和三五）年、わが国の平和と安全の確保のため、日本国憲法の下、独立国として必要最小限の基盤的な防衛力の整備に努めながら、その及ばざるところを補完すべく、前安保条約を改定し、現安保条約が日米間において締結された。同条約に基づく日米安保体制の信頼性のより一層の向上を目指して作成されたのが、「前指針」であった。同指針は、日米の首脳および防衛首脳間の合意を受けて、一九七六（昭和五一）年から、同条約およびその関連取極の目的を効果的に達成するため、軍事面も含めた日米間の協力の在り方について研究・協議が実施され、その成果を踏まえて、ものされた。

ところで、ベルリンの壁崩壊とソビエト連邦解体に象徴される東西冷戦の終焉により、国際環境に大規模な変動が生じ、冷戦を前提にしたわが国の安全保障体制も再検討されるに至った。とはいえ、わが国を取り巻く国際環境が手放しで喜べるほど平和的なものに一変したわけではない。たしかに、両超核大国同士の直接対決の危険性は大幅に軽減されたものの、それにかわって大国の周辺地域において民族・宗教等の問題に端を発する武力紛争が以前にも増して勃発し、先鋭化してきた。そのような中、一九九五（平成七）年「防衛大綱（現大綱）」が閣議決定され、さらに一九九六（平成八）年には、東京において日米首脳により、「日米安全保障共同宣言——二一世紀に向けての同盟」（東京、同年四月一七日）が発表された。これは、冷戦後の日米安保体制の意義・役割の信頼性向上のための協力などにつき、日米間において行われてきた緊密な協議の集大成ともいうべきもので、日米同盟の意義を再確認するものでもある。さらに、同宣言において、冷戦後もアジア太平洋地域においては、「依然として不安定性および不確実性が存在する」との共通認識に基づき、「日本と米国との間に既に構築されている緊密な協力関係を増進するため」、前指針の見直しを開始することで意見の一致をみた。

そして、前指針の見直しは、防衛協力小委員会（Subcommittee for Defense Cooperation：ＳＤＣ。その出席対象者についていえば、日本側は外務省北米局長、防衛庁防衛局長及び運用局長、統幕の代表であり、米国側は国務次官補、国防次官補、在日米大使館・在日米軍・統合参謀本部・太平洋軍の代表である）による「日米防衛協力のための指針の見直しに関する中間とりまとめ」（ハワイ州ホノルル、一九九七（平成九）年六月七日。以下、「中間とりまとめ」という）という過程を経て、前述の現指針に結実する。実のところ、現指針の基本骨格は「中間とりまとめ」でほぼ出来上がっていたといってよい。事実、新たな指針の下における日米間の協力として三点が防衛協力小委員会（ＳＤＣ）の検討課題とされ、協議の対象とされた。すなわち、「平素から行う協力」、「日本に対する武力攻撃に際しての対処行動等」、「日本周辺地域における事態で日本の平和と安全に重要な影響を与える場合（「周辺事態」）の協力」がそれである。いわゆる「周辺事態」の協力問題は、既にこの「中間とりまとめ」、さらには上記宣言において予定されていたのである。

ただ、「宣言」では、「中間とりまとめ」ほど明確ではなく、「地域における協力」という見出しの下、次のような一節が記されている。

「総理大臣と大統領は、両国政府が、アジア太平洋地域の安全保障情勢をより平和的で安定的なものとするため、共同でも個別にも努力することで意見が一致した。これに関連して、両首脳は、日米間の安全保障面の関係に支えられたこの地域への米国の関与が、こうした努力の基礎となっていることを認識した。」

なお、同宣言が、「ＡＳＥＡＮ地域フォーラムや、将来的には北東アジアに関する安全保障対話のような、多数国間の地域的安全保障についての対話及び協力の仕組みを更に発展させるため」という形で、「地域的安全保障」にふれていることは、極めて興味深い。地域的集団安全保障体制の構築への言及とも受け止めることができるからである。

ここで、参考のため、「中間とりまとめ」と「現指針」の概要をその主要項目を中心にして以下に示そう（「中間とりまとめ」は防衛白書平成九年版のみ収録。平成一〇年版以降は現指針のみ収録されており、現指針へ至るプロセスを知る上で貴重な「中間とりまとめ」は未収録）。

◉「中間とりまとめ」の概要

Ⅰ　「日米防衛協力のための指針」（前指針）の見直しの背景

検討課題

・平素から行う協力

・日本に対する武力攻撃に際しての対処行動等

・日本周辺地域における事態で日本の平和と安全に重要な影響を与える場合（「周辺事態」）の協力

Ⅱ　新たな指針の目的

新たな指針の最も重要な目的の一つは、日本に対する武力攻撃又は周辺事態に際して、日米が協力して効果的にこれに対応しうる情勢を構築することである。

Ⅲ　「指針」見直しの経緯と現況／基本的な前提及び考え方

Ⅳ　新たな指針の下における日米協力に関するＳＤＣの協議の概要

一　平素から行う協力

Ⅳ　周辺事態安全確保法等

- (一) 基本的な防衛態勢
- (二) 情報交換及び政策協議
- (三) 安全保障面での種々の協力
- (四) 日米共同の取組み
- 二　日本に対する武力攻撃に際しての対処行動等
 - (一) 日本に対する武力攻撃が差し迫っている場合
 - (二) 日本に対する武力攻撃がなされた場合
- 三　周辺事態における協力
 - (一) 対応の準備及び事態の拡大を抑制するための措置
 - (二) 日米協力の機能及び分野
 - (イ) 人道的活動
 - (ロ) 捜索・救難
 - (ハ) 国際の平和と安定の維持を目的とする経済制裁の実効性を確保するための活動
 - (ニ) 非戦闘員を待避させるための活動
 - (ホ) 米軍の活動に対する日本の支援
 - (ⅰ) 施設の使用
 - (ⅱ) 後方地域支援
 - (ヘ) 運用面における日米協力

Ⅴ　新たな指針策定後の取組み

- 三　周辺事態における協力
 - (一) 対応の準備及び事態の拡大を抑制するための措置

一　共同作業
㈠　共同作戦計画についての検討及び相互協力計画についての検討
㈡　準備のための共通の基準の確立
㈢　共通の実施要領等の確立
二　日米両国間の調整メカニズム
Ⅵ　新たな指針の適時かつ適切な見直し

◉「現指針」の概要（ここでは主要項目を中心に概要にふれる）

現指針の主な項目を示せば次のようになる。

Ⅰ　指針の目的
Ⅱ　基本的な前提及び考え方
指針及びその下で行われる取組みは、以下の基本的な前提及び考え方に従う。
一　日米安全保障条約及びその関連取極に基づく権利及び義務並びに日米同盟関係の基本的な枠組みは、変更されない。
二　日本のすべての行為は、日本の憲法上の制約の範囲内において、専守防衛、非核三原則等の日本の基本的な方針に従って行われる。
三　日米両国のすべての行為は、紛争の平和的解決及び主権平等を含む国際法の基本原則並びに国際連合憲章を始めとする関連する国際約束に合致するものである。
四　指針及びその下で行われる取組みは、いずれの政府にも、立法上、予算上又は行政上の措置をとることを義務づけるものではない。しかしながら、日米協力のための効果的な態勢の構築が指針及びその下で行われる取組みの目標であることから、日米両国政府が、各々の判断に従い、このような努力の結果を各々の具体的な政策や措置に適切な形で反映することが期待される。日本のすべての行為は、その時々において適用のある国内法令に従う。

Ⅲ　平素から行う協力

一　情報交換及び政策協議

二　安全保障面での種々の協力

三　日米共同の取組み

Ⅳ　日本に対する武力攻撃に際しての対処行動等

一　日本に対する武力攻撃が差し迫っている場合

二　日本に対する武力攻撃がなされた場合

Ⅴ　日本周辺地域における事態で日本の平和と安全に重要な影響を与える場合（周辺事態）の協力

一　周辺事態が予想される場合

二　周辺事態への対応

(一)　日米両国政府が各々主体的に行う活動における協力

(イ)　救援活動及び避難民への対応のための措置

(ロ)　捜索・救難

(ハ)　非戦闘員を退避させるための活動

(ニ)　国際の平和と安定の維持を目的とする経済制裁の実効性を確保するための活動

(二)　米軍の活動に対する日本の支援

(イ)　施設の使用
(ロ)　後方地域支援
(三)　運用面における日米協力
Ⅵ　指針の下で行われる効果的な防衛協力のための日米共同の取組み
一　計画についての検討並びに共通の基準及び実施要領等の確立のための共同作業
(一)　共同作戦計画についての検討及び相互協力計画についての検討
(二)　準備のための共通の基準の確立
(三)　共通の実施要領等の確立
二　日米間の調整メカニズム
Ⅶ　指針の適時かつ適切な見直し

「中間とりまとめ」から、前指針の見直し作業を経て、現指針に至る過程につきやや敷衍していえば、おおよそ次のように要約できよう。

一九九六（平成八）年六月、日米両国政府は、上記「平成八年度以降に係る防衛計画の大綱について」及び「日米安全保障共同宣言」を踏まえて、「前指針」の見直しを行うため、日米安全保障協議委員会（Security Consultative Committee：ＳＣＣ。その出席対象者についていえば、日本側は外務大臣、防衛庁長官であり、米国側は国務長官、国防長官である）の下にある防衛協力小委員会（ＳＤＣ）を改組した。その後、日米両国政府の代表者は種々のレベルで見直しを行い、一九九六（平成八）年九月、日米安全保障協議委員会（ＳＣＣ）は、防衛協力小委員会（ＳＤＣ）が提出した「日米防衛協力のための指針の見直しの進捗状況報告」を了承し、同小委員会に対して平成九（一九九七）年秋に終了することを目途に見直し作業を進めるよう指示した。

この指示を受け、鋭意作業を進めた結果、同小委員会により右の「中間とりまとめ」が作成され、一九九七（平成九）年六月七日公表された。さらに、基本骨格の点では「中間とりまとめ」と同一の「現指針」が、同年九月二三日の日米安全保障協議委員会において了承され、同月二九日には、安全保障会議の了承を経て、閣議報告された。

② 周辺事態安全確保法の位置付け

ところで、現指針「Ⅱ　基本的な前提及び考え方　四」には、「指針及びその下で行われる取組みは、いずれの政府にも、立法上、予算上又は行政上の措置をとることを義務づけるものではない。」と謳われてはいた。けれども、「日米協力のための効果的な態勢の構築が指針及びその下で行われる取組みの目標であることから、日米両国政府が、各々の判断に従い、このような努力の結果を各々の具体的な政策や措置に適切な形で反映することが期待される」という後続の一節にかんがみてのことか、指針の実効性確保等のため、法的側面を含め、政府全体として検討の上、必要な措置を適切に講ずる、との閣議決定がなされた。この閣議決定に基づく法的整備が、いわゆる一連の「現指針関連法案」の策定、国会への提案そしてその議決であったが、とりわけ「周辺事態安全確保法」はその中枢をなすものであったといってよい。かくして、周辺事態を中心として「立法上の措置」が講じられることとなったのである。

説明の便宜のため、この度の第一四五回国会において成立・承認された現指針関連法及び行政協定は次に掲げるとおりである。若干の解説もまじえ、一瞥する。

第一に、「周辺事態安全確保法（正式名称は「周辺事態に際して我が国の平和及び安全を確保するための措置に関する法律」（第一四二回国会提出・継続案件、第一四五回国会において一部修正のうえ平成一一年五月二四日成立。平成一一年五月二八日公布　法律第六〇号））」である。

図16　わが国周辺地域における事態で わが国の平和と安全に重要な影響を与える場合の協力

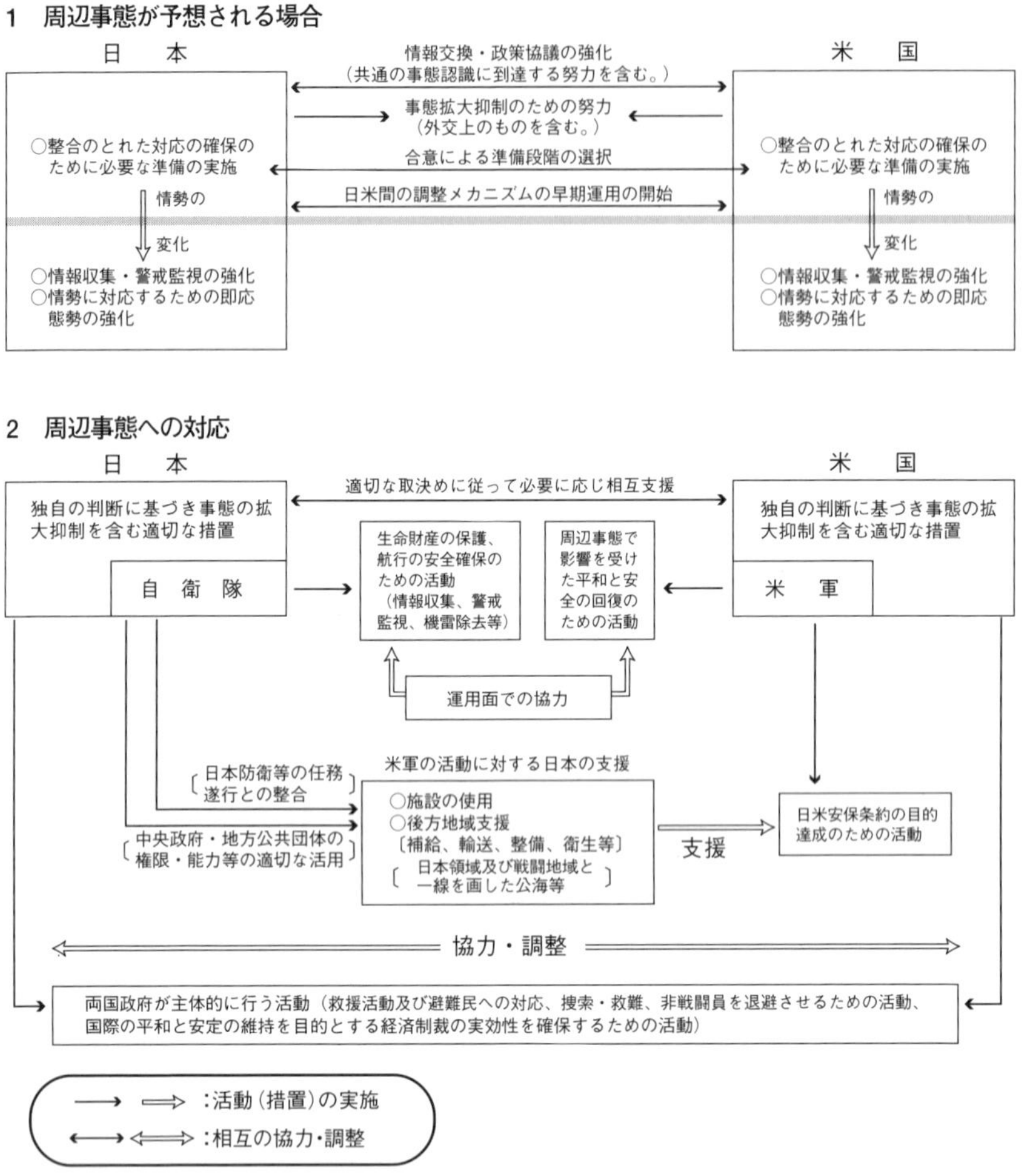

出典：『防衛白書』平成13年度版167頁より。

なお、同法附則二項により「自衛隊法の一部改正」がなされ、自衛隊法一〇〇条の九の次に「後方地域支援」等につき定める一〇〇条の一〇が加えられた。

また、政府案の修正箇所は次に掲げるとおりである。

（i）　基本計画に定められた自衛隊の部隊等が実施する後方地域支援及び後方地域捜索救助活動を原則的に国会の事前承認事項、時宜によっては事後承認事項とすること（法案では国会承認事項とされていなかった。参照、法五条）。

これらの活動は、我が国の平和及び安全に重要な影響を与える事態である周辺事態に際して自衛隊の部隊等が実施するものであること、かつ、周辺事態（安全確保）法により、自衛隊の部隊等が新たに実施できるようになるものであることから、国民の十二分な理解を得ることが望ましいことによる（平成一一年版防衛白書二一八頁。ただし、平成一二年版以降の白書にはこの理由説明が除かれている）。

なお、事後承認が得られない場合には、速やかに、これらの活動を終了させなければならないこととされた（五条三項）。

基本計画の決定又は変更の内容及び基本計画に定める対応措置の結果につき、国会への内閣総理大臣の報告義務を定める法一〇条をも考慮すれば、議会統制の一層の強化を狙った修正と解することができる。

(ii)　後方地域支援等の「対応措置」（法二条一項）において武器の使用を認める規定を設けたこと（法案には武器使用規定はなかった。参照、法一一条。ただ、一一条三項によれば、人に危害を与える対人的武器の使用は刑法三六条（正当防衛）及び三七条（緊急避難）の場合に限られ、一項では「その職務を行うに際し」、二項では「遭難者の救助の職務を行うに際し」と規定されている。武器使用の目的は、何れも「自己又は自己と共に当該職務に従事する者の生命又は身体の防護のため」であるが、国際平和協力法とは異なり、「当該現場に上官が在るときは、その命令によらなければな

図17　周辺事態における協力の対象となる機能及び分野並びに協力項目例

機能及び分野			協力項目例
日米両国政府が各々主体的に行う活動における協力	救援活動及び避難民への対応のための措置		○被災地への人員及び補給品の輸送 ○被災地における衛生、通信及び輸送 ○避難民の救援及び輸送のための活動並びに避難民に対する応急物資の支給
	捜索・救難		○日本領域及び日本の周囲の海域における捜索・救難活動並びにこれに関する情報の交換
	非戦闘員を退避させるための活動		○情報の交換並びに非戦闘員との連絡及び非戦闘員の集結・輸送 ○非戦闘員の輸送のための米航空機・船舶による自衛隊施設及び民間空港・港湾の使用 ○非戦闘員の日本入国時の通関、出入国管理及び検疫 ○日本国内における一時的な宿泊、輸送及び衛生に係る非戦闘員への援助
	国際の平和と安定の維持を目的とする経済制裁の実効性を確保するための活動		○経済制裁の実効性を確保するために国際連合安全保障理事会決議に基づいて行われる船舶の検査及びこのような検査に関連する活動 ○情報の交換
米軍の活動に対する日本の支援	施設の利用		○補給等を目的とする米航空機・船舶による自衛隊施設及び民間空港・港湾の使用 ○自衛隊施設及び民間空港・港湾における米国による人員及び物資の積卸しに必要な場所及び保管施設の確保 ○米航空機・船舶による使用のための自衛隊施設及び民間空港・港湾の運用時間の延長 ○米航空機による自衛隊の飛行場の使用 ○訓練・演習区域の提供 ○米軍施設・区域内における事務所・宿泊所等の建設
	後方地域支援	補給	○自衛隊施設及び民間空港・港湾における米航空機・船舶に対する物資（武器・弾薬を除く。）及び燃料・油脂・潤滑油の提供 ○米軍施設・区域内に対する物資（武器・弾薬を除く。）及び燃料・油脂・潤滑油の提供
		輸送	○人員、物資及び燃料・油脂・潤滑油の日本国内における陸上・海上・航空輸送 ○公海上の米船舶に対する人員、物資及び燃料・油脂・潤滑油の海上輸送 ○人員、物資及び燃料・油脂・潤滑油の輸送のための車両及びクレーンの使用
		整備	○米航空機・船舶・車両の修理・整備 ○修理部品の提供 ○整備用資器材の一時提供
		衛生	○日本国内における傷病者の治療 ○日本国内における傷病者の輸送 ○医薬品及び衛生機具の提供
		警備	○米軍施設・区域の警備 ○米軍施設・区域の周囲の海域の警戒監視 ○日本国内の輸送経路上の警備 ○情報の交換
		通信	○日米両国の関係機関の間の通信のための周波数（衛生通信用を含む。）の確保及び器材の提供
		その他	○米船舶の出入港に対する支援 ○自衛隊施設及び民間空港・港湾における物資の積卸し ○米軍施設・区域内における汚水処理、給水、給電等 ○米軍施設・区域従業員の一時増員
運用面における日米協力	警戒監視		○情報の交換
	機雷除去		○日本領域及び日本の周辺の公海における機雷の除去並びに機雷に関する情報の交換
	海・空域調整		○日本領域及び周囲の海域における交通量の増大に対応した海上運航調整 ○日本領域及び周囲の空域における航空交通管制及び空域調整

出典：『防衛白書』平成13年度版168頁より。

らない」（同協力法二四条四項）という要件は武器使用にあたって課されていない）。

これは、後方地域支援等の「対応措置」についても、例えば、武装集団の妨害を受けるなどの万が一の不測の事態が生ずる可能性をすべて否定することはできないことから、当該職務に従事する自衛官の生命又は身体の安全確保に万全を期すことによる（平成一一年版防衛白書二二一頁）。ただ、「その職務を行うに際し」の「武器の使用」であってみれば、それは職務の執行としてのそれであって、個人的な「武器の使用」と解することはできない。とすれば、自衛官による職務行為としての「武器の使用」、部隊行動としての「武器の使用」と憲法が禁ずる「武力の行使」との異同が鋭く問われることとなる。

なお、「武器等の防護のための武器の使用」につき定める自衛隊法九五条については、国際平和協力法二四条八項にその適用除外規定がみられるが、かかる規定は周辺事態安全確保法には存しない。

(iii)　船舶検査活動にかかる規定を削除したこと（法案には当該規定が含まれていた。当該活動は、周辺事態に際し、我が国の平和と安全の確保に資するものとして、国連安保理決議に基づく経済制裁の実効性の確保のために採られる措置であった）。

国会の審議の結果、その在り方などについて、更に検討する必要があることから、別途立法措置をとるとの前提で削除された（平成一一年版『防衛白書』二二六頁）。

正に、この別途の「立法措置」こそ既に述べた「船舶検査活動法」（平成一二年一二月六日法律一四五）である。「目的」を規定するその一条は、「周辺事態安全確保法と相まって、（日米安保条約の）効果的な運用に寄与し、我が国の平和及び安全の確保に資することを目的とする」と定める。ということは、「周辺事態安全確保法」と「船舶検査活動法」とはワンセットということになる。

実は、外国船舶対処に関する国際法上の枠組みとして、①「国連憲章・国連安保理決議」に基づく禁輸執行、

図18　周辺事態に対する対応の手順

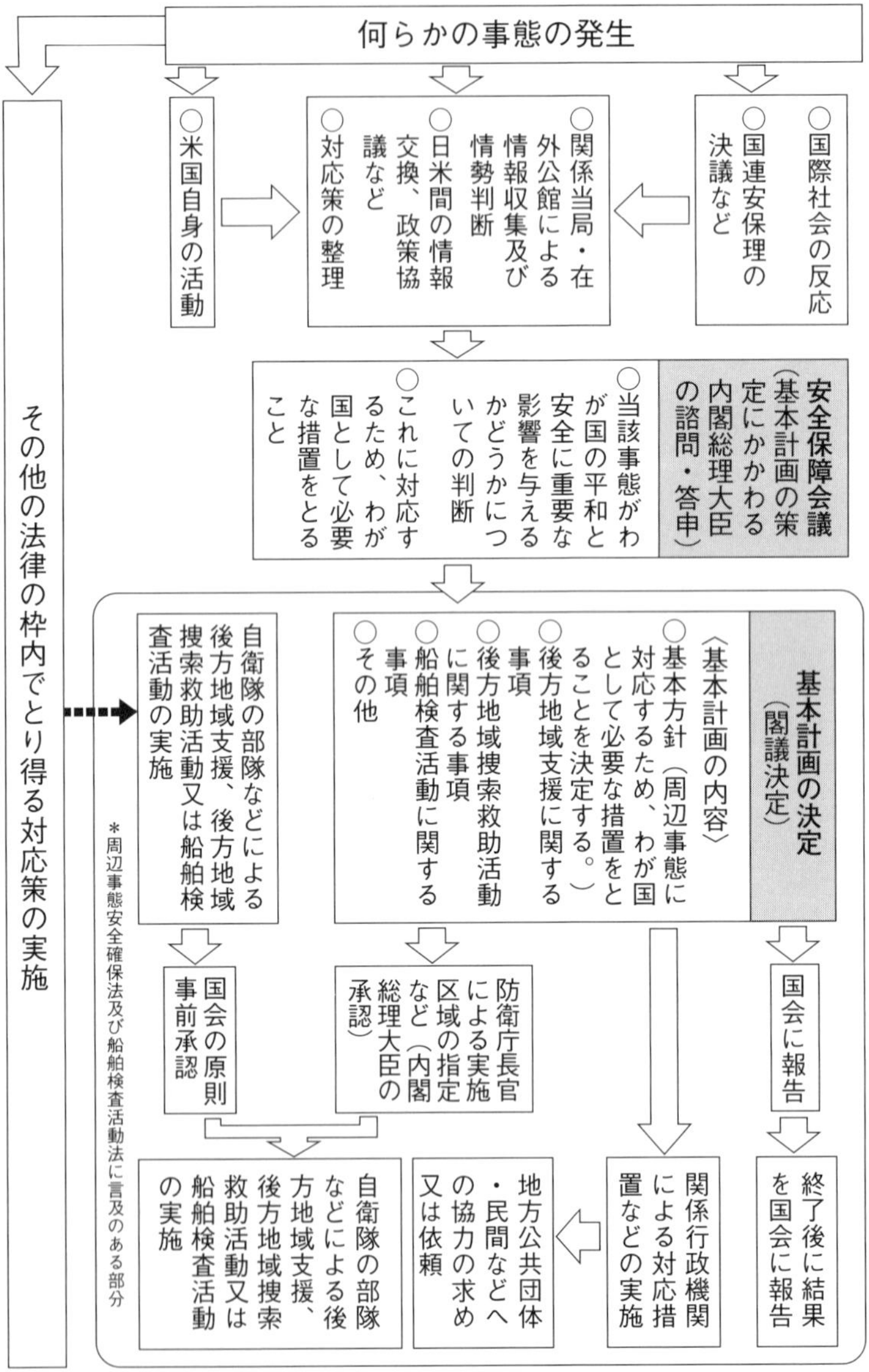
何らかの事態の発生
○国際社会の反応
○国連安保理の決議など
○関係当局・在外公館による情報収集及び情勢判断
○日米間の情報交換、政策協議など
○対応策の整理
○米国自身の活動
安全保障会議（基本計画の策定にかかわる内閣総理大臣の諮問・答申）
○当該事態がわが国の平和と安全に重要な影響を与えるかどうかについての判断
○これに対応するため、わが国として必要な措置をとること
基本計画の決定（閣議決定）
〈基本計画の内容〉
○基本方針（周辺事態に対応するため、わが国として必要な措置をとることを決定する。）
○後方地域支援に関する事項
○後方地域捜索救助活動に関する事項
○船舶検査活動に関する事項
○その他
自衛隊の部隊などによる後方地域支援、後方地域捜索救助活動又は船舶検査活動の実施
＊周辺事態安全確保法及び船舶検査活動法に言及のある部分
その他の法律の枠内でとり得る対応策の実施
国会に報告
防衛庁長官による実施区域の指定など（内閣総理大臣の承認）
国会の原則事前承認
終了後に結果を国会に報告
関係行政機関による対応措置などの実施
地方公共団体・民間などへの協力の求め又は依頼
自衛隊の部隊などによる後方地域支援、後方地域捜索救助活動又は船舶検査活動の実施

出典：『防衛白書』平成13年度版173頁より。

②「海洋法」等に基づく警察行動、③「海戦法」に基づく拿捕《だほ》等の措置の三者があり、それぞれその法的性格を異にし、区別して論ぜられなければならない、との指摘もみられる（参照、安保公人「国連決議に基づく禁輸執行——船舶検査活動に関する国際法と国家実行」防衛法学会編『防衛法研究』第二三号（内外出版、平成一〇））。

問題の「船舶検査活動」は、船舶検査活動法二条の定義からして（周辺事態に際し、経済活動に係る規制措置の厳格な実施を確保する目的で、「（そのために必要な措置を執ることを要請する）国際連合安全保障理事会の決議に基づいて」又は「旗国（中略）の同意を得て」が当該活動の一要件とされている）、①に該当するであろうが、経済制裁自体とその執行措置とは区別される必要がある。後者には多分に軍事的側面が認められるからである。

第二に、「自衛隊法の一部を改正する法律」（第一四二回国会提出・継続案件、第一四五回国会において平成一一年五月二四日成立。平成一一年五月二八日公布　法律第六一号）である。

在外邦人等の輸送の手段として、船舶及び当該船舶に搭載された回転翼航空機を加えるなど、当該輸送の体制を強化するとともに、周辺事態において日米両国政府は各々主体的に行う非戦闘員を退避させるための活動に関連する施策として、指針の実効性の確保にも資するものである（平成一一年版『防衛白書』二二六～二二七頁）。同改正法によれば、防護の対象者は「その職務を行うに際し、自己又は自己と共に当該輸送の職務に従事する隊員又は当該邦人若しくは外国人」であって（隊法一〇〇条の八第三項）、この点では他の類似の規定と比べ拡大されている（「当該邦人若しくは外国人」が拡大部分。ちなみに、周辺事態安全確保法一一条・船舶検査活動法六条は「職務を行うに際し、自己又は自己と共に当該職務に従事する者」と定め、国際平和協力法二四条は「自己又は自己と共に現場に所在する他の自衛隊員若しくは隊員」と定めている）。ここでもまた、「武器の使用」と「武力の行使」との異同問題が浮上する。

第三に、「日本国の自衛隊とアメリカ合衆国軍隊との間における後方支援、物品又は役務の相互の提供に関する日本国政府とアメリカ合衆国政府との間の協定を改正する協定」（第一四五回国会において平成一一年五月二四日国会承認。平成一一年六月二日公布　条約第五号）、いわゆる日米物品役務相互提供協定を改正する協定である。

③　周辺事態安全確保法の争点と分析

まず初めに、周辺事態安全確保法の編成につきふれれば、概要次に掲げるとおりである。

一条（目的）
二条（周辺事態への対応の基本原則）
三条（定義等）
四条（基本計画）
五条（国会の承認）
六条（自衛隊による後方地域支援としての物品及び役務の提供の実施）
七条（後方地域捜索救助活動の実施等）
八条（関係行政機関による対応措置の実施）
九条（国以外の者による協力等）
一〇条（国会への報告）
一一条（武器の使用）
一二条（政令への委任）
附　則

なお、同法は平成一一年一二月二二日法律一六〇号及び平成一二年一二月六日法律一四五号により改正された。

特に後者の改正は船舶検査活動法の制定を受けてのもので、「周辺事態への対応の基本原則」を定める周辺事態安全確保法二条一項は次のように改められた。

「政府は、周辺事態に際して、適切かつ迅速に、後方地域支援、後方地域捜索救助活動、周辺事態に際して実施する船舶検査活動に関する法律（中略）に規定する船舶検査活動その他の周辺事態に対応するため必要な措置（以下「対応措置」という。）を実施し、我が国の平和及び安全の確保に努めるものとする。」

さて、総論的にいえば、現代総力戦が「工場」対「工場」の戦いと比喩的にいわれるように、「前線」もさることながら、物品・役務を提供する兵站《へいたん》、すなわち「後方」の果たす後方支援の役割は極めて大きい。その意味で、「前線」と「後方」は一体として武力紛争にかかわることとなる。「後方」だから武力紛争に一切関係ない、という主張は今日そのまま受け入れることはできない。したがって、「後方支援」国も紛争当事国の一方たりうるのである。国際法上も、「後方支援」は中立法規、とりわけ同法規が課す公平義務との関係で難しい問題を引き起こす。ただ、国連憲章下にあって、日米安保条約に基づく措置が同憲章の許容する「集団安全保障」の地域版としての性格をもつとすれば、やや事情は変わってこよう（「集団防衛」から地域レベルにおける「集団安全保障」への転換。参照、松浦一夫「『周辺事態』の定義について――日米安保条約の『極東』概念との関係に関する一試論」防衛法学会編・前掲『防衛法研究』、加えて同著『ドイツ基本法と安全保障の再定義――連邦軍「NATO域外派兵」をめぐる憲法政策』（成文堂、平成一〇）。ただし、物品の提供には、武器（弾薬を含む）の提供を含まない点は、注意を要する）。著者としては、このような見解に傾聴すべきところ多々あることはいささかも否定するものではないが、現時点では、日米安保条約に基づく日米安保体制は実質的には日米の二国間における同盟（もちろん日本は集団的自衛権を行使できない以上、語の厳格な意味での同盟を語ることはできないが）ととらえており、これを地域的集団安全保障とみる見解にただちには与することはできないのである。

そもそも、安全保障体制には個別的安全保障体制と集団安全保障体制との二つがあることはつとに国際法学者の説くところである（参照、筒井若水編『国際法辞典』（有斐閣、平成一〇））。前者の個別的安全保障体制は、この体制の参加国が外部からの侵略等に対して単独で、または協力して対抗することを約して、国家の安全を保障しようとするものである。これに対して、後者の集団安全保障体制にあっては、体制参加国内のいずれかの国家が行う侵略等に対して他の参加国が協力して、その侵略等に対抗することを約し、国家の安全を相互に集団的に保障しようとするものである。してみると、安全保障体制という観点からは、日米安保体制は集団安全保障体制というよりも、むしろ個別的安全保障体制に属するといってよい。その実質は、未だ国連憲章によっても完全に克服されたとはいいがたい同盟関係である。すなわち、第三国からの攻撃に対して、共同に防御するための二国間又は多数国間の結合と解すべきであろう（参照、前掲『国際法辞典』）。

この度の立法は、まさに日米安保条約の「効果的な運用に寄与し、我が国の平和及び安全の確保に資する」（法一条）ためとはいえ、合衆国軍隊に対する後方支援をわが国に課し、加えて「協力」という形をとりながらも「地方公共団体」や「私人」に対してまで支援を求めるものである（協力を求め、又は依頼する形をとる以上、罰則の裏付けはない）。この点において、これまでの国対国の枠組みを越えた射程の広がりを当該立法（その所産である法律）は有しているといってよい。

以下、いくつかの論点を摘出し、考察をくわえる。

（ｉ）　周辺事態とは何か

法一条によれば、それは「我が国周辺の地域における我が国の平和及び安全に重要な影響を与える事態」である。ただし、平成一一年版防衛白書によれば、それは地理的概念ではなく、「ある事態が周辺事態に該当するか否かは、その事態の規模、態様等を総合的に勘案して判断」（二一五～二一六頁）されることとなり、したがって「その生起する地域をあらかじめ地理的に特定することはできない」（二一六頁）のである。むろん、「このような事態が生起する地域にはおのずから限界がある」（二一六頁）ことは、同白書も指摘してはいる。しかしながら、「周辺事態」のもつ曖昧さと拡散性は、「後方地域支援」および「後方地域捜索救助活動」とのかかわりにおいて、重要かつ微妙な問題を提起することとなる。また、「我が国周辺の地域」が「安保条約」にいう「極東」を越えるのか、も重要な争点をなす。

(ii)　後方地域とは何か

「後方地域支援」および「後方地域捜索救助活動」について考えるにしても、両者に共通する「後方地域」の意味が明らかにされなければならない。法三条一項三号は、「後方地域」を次のように定義している。すなわち、「我が国領域並びに現に戦闘行為が行われておらず、かつ、そこで実施される活動の期間を通じて戦闘行為が行われることがないと認められる我が国周辺の公海（海洋法に関する国際連合条約に規定する排他的経済水域を含む。以下同じ。）及びその上空の範囲をいう」と。なお、ここに「戦闘行為」とは「国際的な武力紛争の一環として行われる人を殺傷し又は物を破壊する行為」をいう（法三条一項二号）。

ところで、わが国領域が現に戦闘行為の渦中にあるならば、もはやそれは周辺事態の問題ではなく、現指針のいう「日本に対する武力攻撃がなされた場合」に当たり、対応は別になる。したがって、「後方地域」の決定的メルクマールは「現に戦闘行為が行われておらず、かつ、そこで実施される活動の期間を通じて戦闘行為が行われることがないと認められる」点に求めなければなるまい。とすれば、このような意味での「後方地域」は決して固定的なものではなく、常に「前線」の可能性を秘めているということになり、「前線」と「後方」との別は流動性をはらんだ、相対的なものであることとなる。例えば、かかる「後方地域」において、合衆国軍隊に対し、「後方地域支援」等の活動をわが国の自衛隊の部隊等が行っていたところ、他方当事国の戦闘機から合衆国軍隊が攻撃を受けたとすれば、もはや当該地域は「後方地域」としての性格を失うこととなる。その場合、自衛隊の部隊等は合衆国軍隊に対する物品・役務等の提供をただちに打ち切り、引き上げなければならないはずであるが、これで後方「支援」の役割を果たせるのであろうか。まさに、法にいう「後方地域支援」等の実効性確保が問われることになろう。

(iii)　部隊の統合運用と指揮権

合衆国軍隊への「後方地域支援」のため、自衛隊の部隊が投入される場合、両軍・部隊の有機的連携・調整を図る必要が生じるが、この連携・調整につき周辺事態安全確保法がどのように対応しているのかは、文面上明らかではない。しかし、この問題は不可避なはずであり、放置できるものではない。一応、法四条にいう「基本計画」で対応するものと推察することはできる。かかる連携・調整を図って「対応措置」を実施するのであれば、部隊運用の在り方として軍ないし部隊に対する両国の指揮権の調整が必要となる（完全指揮権（full command）はあくまでもわが国が保持しながら、作戦統制権（operational control）、戦術統制権（tactical control）は米国に委譲するとか）。実は、現指針において、「指針の下で行われる効果的な防衛協力のための日米共同の取組み」として二つの「メカニズム」が用意されている。「包括的メカニズム」と「調整メカニズム」がそれである。ただ、これらのメカニズムにどのような立法的手当がなされているかは、この度の周辺事態安全確保法立法化にあっても定かではない。ということは、指揮権の調整問題は立法府たる国会の手から離れたところで処理されるということなのであろうか。

ちなみに、包括的メカニズムについては、日米安全保障協議委員会（ＳＣＣ）、防衛協力小委員会（ＳＤＣ）、共同計画検討委員会（ＢＰＣ）等の場があって、現在、かかるメカニズムの下での共同作業が行われている、といわれている（前掲平成一一年版防衛白書二一九頁）。ただ、このメカニズムへの国会の関与の在り方は不分明である。行政レベルの問題とされるならば、議会統制の及ばない領域ということとなる。なお、調整メカニズムは、

図19　包括的なメカニズムの構成

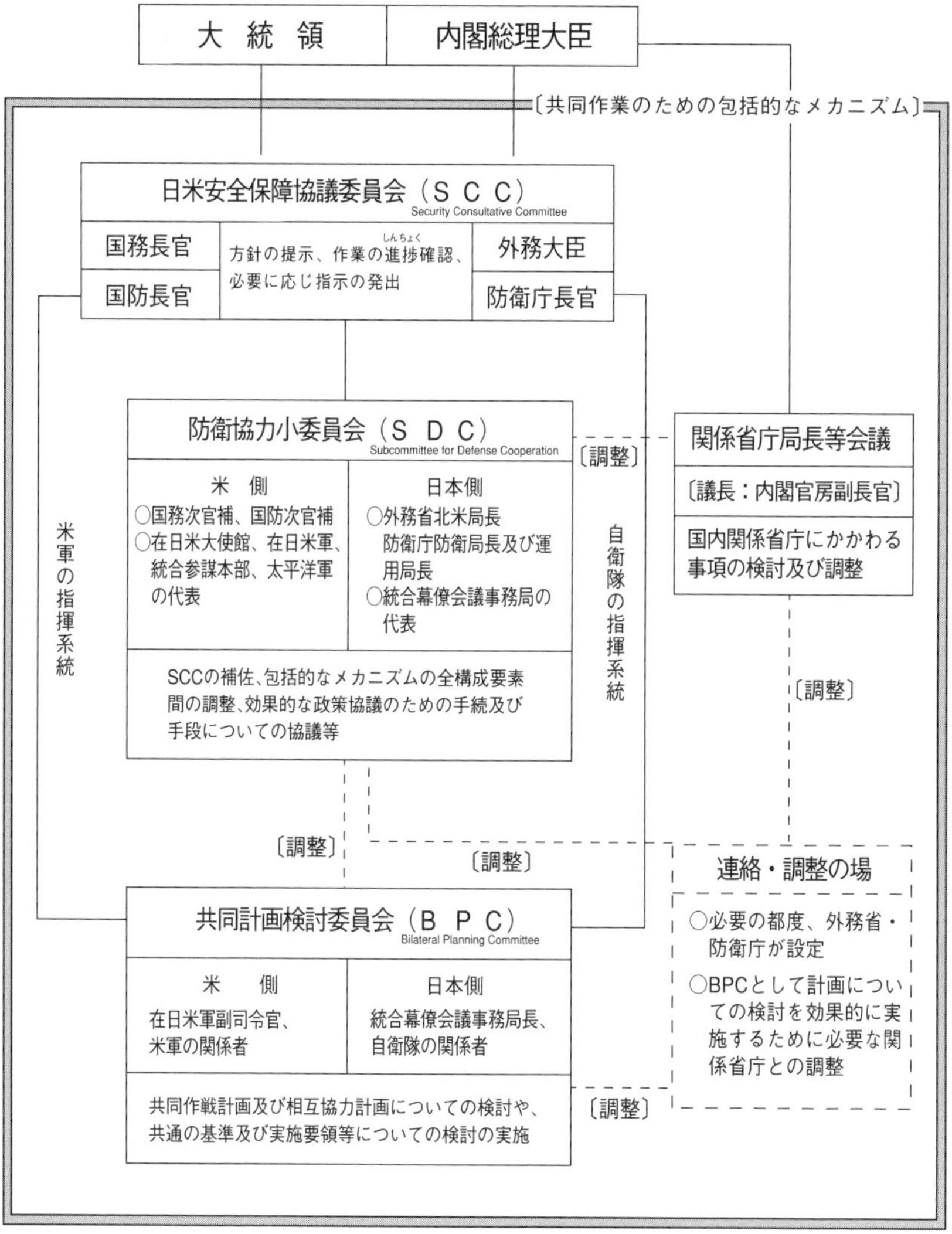
大　統　領
内閣総理大臣
〔共同作業のための包括的なメカニズム〕
日米安全保障協議委員会（ＳＣＣ）
Security Consultative Committee
国務長官
国防長官
方針の提示、作業の進捗《しんちょく》確認、必要に応じ指示の発出
外務大臣
防衛庁長官
防衛協力小委員会（ＳＤＣ）
Subcommittee for Defense Cooperation
米　側
○国務次官補、国防次官補
○在日米大使館、在日米軍、統合参謀本部、太平洋軍の代表
日本側
○外務省北米局長
防衛庁防衛局長及び運用局長
○統合幕僚会議事務局の代表
SCCの補佐、包括的なメカニズムの全構成要素間の調整、効果的な政策協議のための手続及び手段についての協議等
関係省庁局長等会議
〔議長：内閣官房副長官〕
国内関係省庁にかかわる事項の検討及び調整
〔調整〕
米軍の指揮系統
自衛隊の指揮系統
連絡・調整の場
○必要の都度、外務省・防衛庁が設定
○BPCとして計画についての検討を効果的に実施するために必要な関係省庁との調整
共同計画検討委員会（ＢＰＣ）
Bilateral Planning Committee
米　側
在日米軍副司令官、米軍の関係者
日本側
統合幕僚会議事務局長、自衛隊の関係者
共同作戦計画及び相互協力計画についての検討や、共通の基準及び実施要領等についての検討の実施

出典：『防衛白書』平成13年度版169頁より。

図20　調整メカニズムの構成

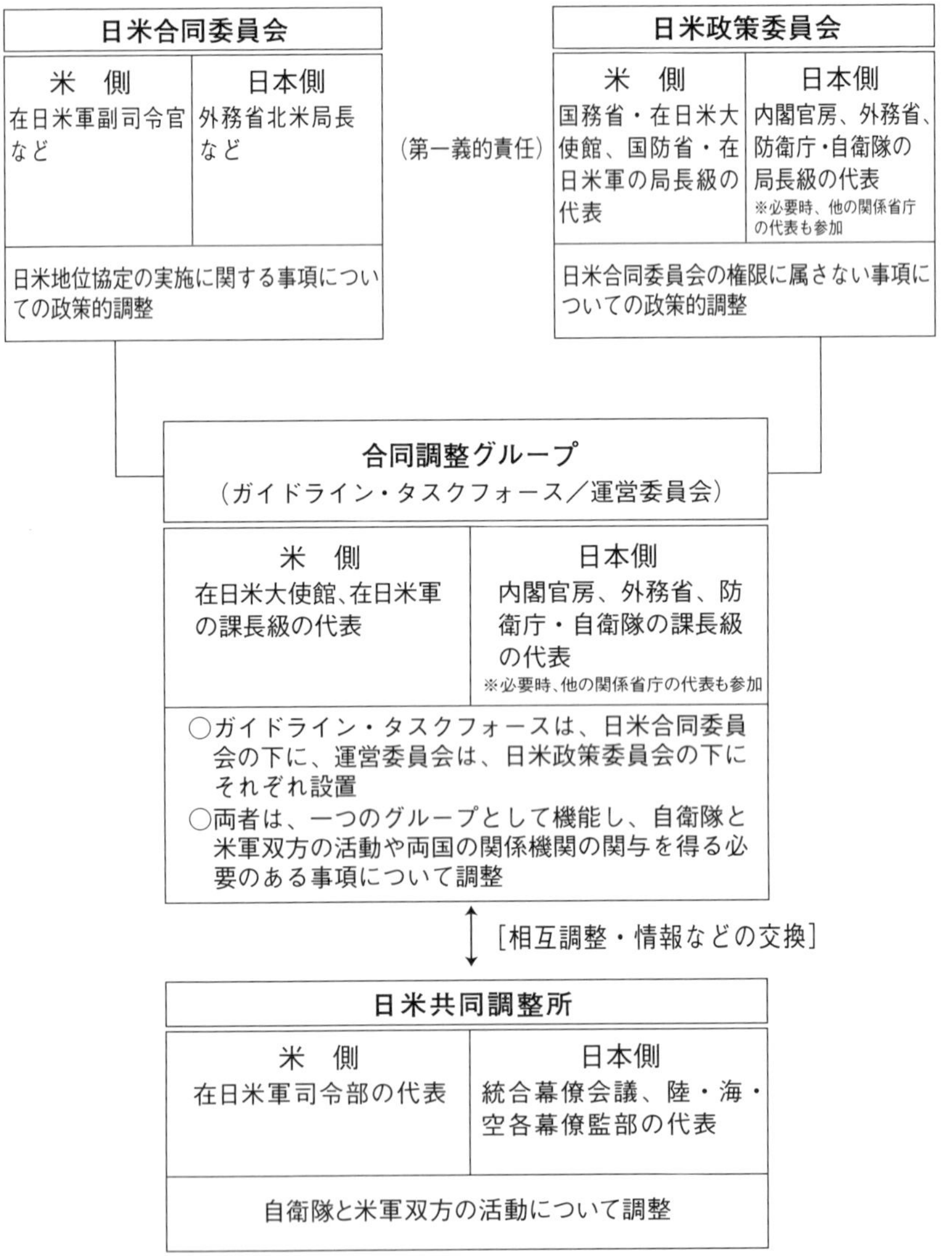
日米合同委員会
米　側
在日米軍副司令官など
日本側
外務省北米局長など
日米地位協定の実施に関する事項についての政策的調整
（第一義的責任）
日米政策委員会
米　側
国務省・在日米大使館、国防省・在日米軍の局長級の代表
日本側
内閣官房、外務省、防衛庁・自衛隊の局長級の代表
※必要時、他の関係省庁の代表も参加
日米合同委員会の権限に属さない事項についての政策的調整
合同調整グループ
（ガイドライン・タスクフォース／運営委員会）
米　側
在日米大使館、在日米軍の課長級の代表
日本側
内閣官房、外務省、防衛庁・自衛隊の課長級の代表
※必要時、他の関係省庁の代表も参加
○ガイドライン・タスクフォースは、日米合同委員会の下に、運営委員会は、日米政策委員会の下にそれぞれ設置
○両者は、一つのグループとして機能し、自衛隊と米軍双方の活動や両国の関係機関の関与を得る必要のある事項について調整
［相互調整・情報などの交換］
日米共同調整所
米　側
在日米軍司令部の代表
日本側
統合幕僚会議、陸・海・空各幕僚監部の代表
自衛隊と米軍双方の活動について調整

出典：『防衛白書』平成13年度版170頁より。

「自衛隊及び米軍で構成される日米共同調整所をはじめ、日米両国の関係機関の関与を得て構築され、わが国に対する武力攻撃及び周辺事態に際して各々が行う活動の調整を行う」と平成一三年版『防衛白書』は伝えている（一三年版一七〇頁）。なお、調整メカニズムの構成として掲げられている機関は「日米合同委員会（構成は、日本側：外務省北米局長など、米側：在日米軍副司令官など。権限は、日米地位協定、すなわち米軍地位協定の実施に関する事項についての政策的調整）」・「日米政策委員会（構成は、日本側：内閣官房、外務省、防衛庁・自衛隊の局長級の代表（必要時、他の関係省庁の代表も参加）、米側：国務省・在日米大使館、国防省・在日米軍の局長級の代表。権限は、日米合同委員会の権限に属さない事項についての政策的調整）」・「合同調整グループ（構成は、日本側：内閣官房、外務省、防衛庁・自衛隊の課長級の代表（必要時、他の関係省庁の代表も参加）、米側：在日米大使館、在日米軍の課長級の代表。権限は、自衛隊と米軍双方の活動や両国の関係機関の関与を得る必要のある事項についての調整）」及び「日米共同調整所（構成は、日本側：統合幕僚会議、陸・海・空各幕僚監部の代表、米側：在日米軍司令部の代表。権限は、自衛隊と米軍双方の活動について調整）」の四機関である（一三年版一七〇頁）。

＊　ちなみに、平成一一年版防衛白書によれば、「調整メカニズムは現在のところ構築されていないが、日米両国政府は、現在、調整メカニズムをできる限り早期に構築するため、具体的な調整の方法などを含め検討を進めているところである」（同白書二一九頁）。なお、「調整メカニズムの構成」と題して、図解による解説がなされるに至ったのは、平成一三年版からのことである。

(iv)　集団的自衛権不行使の下での「後方地域支援」等の有効性

政府見解によれば、わが国は集団的自衛権は保持しながらも行使できない。憲法上許容されている自衛権の行使は、わが国を防衛するため必要最小限度の範囲にとどまるべきものだからである。

ところで、集団的自衛権は、ともすれば個別的自衛権との対比でふれられる傾向が強いが、それだけでは半面の真理を語るにすぎない。というのも、国連憲章五三条にいう地域的取極に基づいて、または地域的機関によってとられる強制行動をも斟酌《しんしゃく》して、集団的自衛権は理解されなければならないからである。この強制行動は安全保障理事会の（事前の）許可なしには発動できないのであって、この点に、事後報告で足りる同憲章五一条の個別的・集団的自衛権との端的な違いが存在する。してみると、集団的自衛権の「妙味」は五三条に定める安保理事会の許可を不要のものとすることにあるといえる。集団的自衛権にこのような側面もみられることは、看過されてはならない。

事実、強制行動（mesures coercitives）の責任は安保理事会の独占するところであって、ただ二つの例外が認められるにとどまる。すなわち、憲章五一条の集団的自衛権と地域的機関を考慮して五三条に含まれている、旧敵国に対する強制行動がそれである、と説く論者もいる（Jean-Pierre COT et Alain PELLET, LA CHARTE DES NATIONS UNIES, 2e ed., p. 826）。まさに、憲章五三条にいう「強制行動」が同五一条の集団的自衛権と関連づけてふれられている点が重要である。

では、一体、かかる集団的自衛権の不行使の下で、「後方地域支援」等の「対応措置」は有効に行われうるのであろうか。有効性の追求は同自衛権の不行使原則にふれ、原則遵守は対応措置の不徹底を招く、というのが著者の率直な受け止め方である。あえて付言すれば、後方支援それ自体がそもそも不行使と言明した集団的自衛権の行使ではないのか、という根本的問題がある。米国の相手方にとって米国の後方支援国はもはや語の厳密な意味での中立国ではなく、自国にとって利敵行為をなす国家、その意味で敵対国家であると位置づけられることを看過してはならない。

④　ま と め

これまでの考察からすれば、この度の周辺事態安全確保法は現指針の実効化を図るべくなされた立法措置の一つであることが判明した。しかし、「包括的メカニズム」と「調整メカニズム」に対する立法的対応については定かではない。九条論議は果てることなく今日まで続けられてきているが、有事法制につき、現行憲法が少なくとも積極的に明文化しているとはいいがたい。そのような法状況の中で周辺事態安全確保法は成立した。その根底に現日米安保条約があることは、明らかである。問題は、九条の政府見解に立ちながら、はたして整合的に同法が所期の目的を達成できるのか、ということである。そのことは、集団的自衛権不行使の下での「対応措置」の有効性という問題が雄弁に物語っている。「周辺事態」といい「後方地域」といい、すこぶる流動的性格をもった概念である。「木に竹を接ぐ」という諺《ことわざ》がある。九条という大木にとって周辺事態安全確保法は、その枝なのかそれとも竹なのか、それがまさに問題である。周辺は限りなく中心（有事法制）に近づいているように思われる。

では、周辺事態・周辺事態安全確保法と有事・有事法制との距離はどれほどのものなのであろうか。別に一章をもって取り上げるべきテーマでもあり得るし、他方で「第六章　自衛隊と日米安保体制　四　周辺事態安全確保法等」に続けて論及すべきテーマでもあるように思われる。そこで、これらの事情を考慮し、著者は「第六章補論」として「有事法制」を考察することとした。半歩の距離感からである。

第６章補論　有事法制
――シビリアン・コントロール（文民統制）にふれて

Ｉ　はじめに

シビリアン・コントロール、とりわけ議会統制にも簡単にふれながら、「有事」の法制につき考察をくわえるが、有事法制全般というよりも、ここでは軍事的な「有事法制」が中心となる。

標語的表現を用いれば、やはり「有事は立法部（国会）の時」ではなく、「行政部（内閣）の時である」と断ぜざるを得ないのか、といった立憲制にとり重要かつ死活的な問題があることはつとに論者により指摘されてきたところである。著者もまたこのような問題意識を有していることは改めて断るまでもない。

ところで、「有事法制」とはそもそも一体いかなる法制を指すのであろうか。この点については、既に第一章においてふれたところであるが、ひとまず防衛庁編『平成一三年版　防衛白書』にならって、有事法制とは「わが国に対する武力攻撃が発生した場合に必要と考えられる法制」（一二五頁）の意と解し、それを考察の中心としながらも、ここではそれよりやや広くとらえ、「災害時（非常時）にとられる通常（平常時）とは異なる法制」をも射程に入れることにしたい。

なお、この「補論」をものするにあたり、小林直樹教授の著書『国家緊急権』（学陽書房、一九七九）を大いに参照した。とりわけ、立憲制や（個）人権にとって「有事立法」のはらむ危険性および弊害の指摘（同書二一二～二一七頁）、「核戦争になれば、どんな『有事』体制も全く無意味である」（同書二三二頁）、さらには「日本にかぎらずどこでも、大量殺戮の手段を用いる現代戦争の下で、旧来の緊急体制に期待しうる有効性の幅は、きわめて狭くなってしまった」（同書二三二頁）等々の指摘には傾聴すべきところが多々ある。しかしながら、教授自身も「非常事態」に備える緊急制度を全く不必要だとはしていないのであって、要は「旧体制のそれ（および有事立法案）とは全く別の、新しい独自の緊急体制」の考案にある（同書二四八頁）。万が一の非常事態、すなわち外国軍隊による侵略と支配に対しては「国民の抵抗権」をもってせよ、ただし「この抵抗は原則的に、武器をもってしない批判・抗議・説得等の持続的な国民運動によるべきである」というのが教授の見解である（同書二五三頁）。けれども、冷戦後の今なお、否、今だからこそ起きている地域紛争に目を向け、そこで繰り広げられる大量殺戮の現状を思うとき、「武器をもってしない」国民の抵抗権行使の有効性には多大な疑問を抱かざるを得ない。いずれにせよ、「核戦争になれば、どんな『有事』体制も全く無意味である」ならば、教授自身が提唱される、「民主主義に基づく新しい」非軍事的「緊急（有事）」体制もまた同様の運命を辿ることになる。とはいえ、教授の著書は、著者にとって最も強い知的インパクトを与えた一書ではあった（なお、欧文文献としては、C. Schmitt, Die Diktatur, 3. Aufl. 1964 参照）。

さて、以下において「これまで」、「今」そして「これから」という展開図式に従って筆を進めていくことにしよう。

Ⅱ　これまでの「有事法制（非常事態法制）」

広く「有事法制」というとき、ただちに思い浮かぶのは危機に対処する国家の究極の権利、超実定法的「非常権」すなわち「国家緊急権（Staatsnotrecht）」であろう。この超実定法的「非常権」に対比され、実定法化された「非常権」を称して「非常措置権」などと呼ぶこともあるが、実定法的か否かは結局相対的な違いにすぎない。例えば、よく耳にする「戒厳」も実定法化されなければ超実定法的「非常権」、つまり国家緊急権の一つということになろうし、実定法をもって定めれば「非常措置権」の一つとされるからである。加えて、通常時に予想されない事態に対して対処すべく採用されるのが有事法制であり、行使される権限が「非常権」とするならば、この権限を実定法化すればするほど、その実定法秩序は非常事態化することになり、通常時とは異なる非常時の法体系を常時抱え込むという、ある意味では皮肉な結果をもたらすこととなる。いずれにせよ、「国家緊急権」といい、「非常措置権」といい、一定の前提の下で語られる「非常権」にすぎない。

以下、これまでの歴史に登場した「有事法制」なり「非常権」を簡単に一瞥することにしよう。その意味で、考察は実定法的「非常権」に限定されることになる。

なお、松浦一夫教授は大陸法系と英米法系とに截然と区別し、その違いを過度に強調することに批判的で、次のように述べている（松浦一夫「序論―立憲主義と国家緊急事態」防衛法研究二四号一二頁（二〇〇〇））。

「沿革的にみても、ヨーロッパ各国の制度類型はそれぞれの特徴を示してはいるが、その差異は決定的なものではない。（中略）緊急事態法制の類型を大陸法系と英米法系に截然と区別し、両者の差異を過度に強調することは適切でない。」

教授にとって、著者の区別がそのいうところの「截然と区別し、両者の差異を過度に強調」するものに当たるかどうかは定かではない。とはいえ、やはり両法系にはその拠って立つ法文化・法意識からして違いがあることは否定しがたいところである。有事法制に直接かかわるものではないが、「法治国家」と「法の支配」の違いにふれた藤田宙靖教授の次に掲げる所見は極めて示唆にとむ（「二〇年記念特別鼎談『この国のかたち』が変わる」法学教室二〇〇〇年一〇月号三一頁（二〇〇〇））。所見の概要はこうである。

「法治国家」と「法の支配」の違いは、つまるところ国民と（統治）権力との距離感である。ドイツの法治国家にあって、「国家」とは国民からある程度抽象化され、公共の利益・公共の福祉をそれ自体体現するものである。かくして、このような抽象化された「国家」は「社会」におけるあらゆるエゴとか私益といったものとは無関係でなければならず、それらから離れて一段高いところに立ち、中立・公正な目から「社会」を見てその行き過ぎをコントロールする。このような意味での「国家」をいかに法的にチェックするのかが、法治国家の問題である。

これに対して、アメリカなどの法の支配にあっては、ドイツ流の「国家」概念は存在せず、それに代わるものとしてあるのが「ガバメント」とか「政府」といわれるものである。ここに「政府」とは自分たちが必要に応じて設けた道具にすぎず、道具であればこそ自分たちの直接的な利益と無関係でもなければ、また特段高い存在でもない。ただ、そうだとしても、政府が組織であり、個人の利益と対立することも行うわけで、とすればそれをチェックしなければならないのである。

要するに、自分たちよりも一段高いところに立っている、中立・公正な抽象的「国家」を想定するのか（「法治国家」）、それとも自分たちの道具であり、自分たちと同レベルに位置する具体的「政府」を想定するのか（「法の支配」）、というところに「法治国家」と「法の支配」の法文化・法意識レベルにおける根元的な違いがあるように思われる。もっとも、このような違いが有事法制の類型としての大陸法系と英米法系の相違にどのように投影することとなるものかは著者にとっても今後の課題である。それはそれとして、以下に示す各法系の有事法制類型は、松浦教授の指摘をも念頭において読みとられるべきであろう。

㈠　大陸法系の「非常権」

大陸法系の「非常権」はイギリスの Riot-Act（騒擾《そうじょう》（暴動）法）の loi martiale という形での継受を踏まえ、やがて「戒厳」と呼ばれる制度に結実していく。フランスの état de siège、ドイツの Belagerungszustand がそれであり、わが国も明治憲法一四条一項において「天皇ハ戒厳ヲ宣告ス」と規定していた（本文中の loi martiale、état de siège、Belagerungszustand は通常、それぞれ「戒厳」または「戒厳令」と訳されている）。

そもそも戒厳発祥の地はフランスで、その起源は一七九一年七月一〇日の「戦場及び要塞の維持及び区分、防御工事等の警察に関する法律」に遡る。やがて、共和暦八年霜月二二日（一七九九年一二月一三日）憲法九二条において、初めて「憲法の効力の停止」が規定されるに至った。同条は次のように定める。「武装叛乱（révolte à main armée）又は国家の安全を脅かす騒擾がある場合、法律は、時及び所を定めて、憲法の効力を停止することができる（後略）」と。この憲法の効力の停止は、所定の時及び所において憲法無き状態をもたらし、権限行使の対象は憲法の埒外《らちがい》にあるものとして取り扱われることとなる。したがって、そこに憲法の保障は及ばない。

ところで、戒厳につき初めて憲法にその規定が登場したのは、一八一五年四月二二日のフランス追加憲法六六条においてであった。同条は、「いかなる場所も、領土の一部も、外国による侵略（invasion）又は内乱（troubles civils）がある場合を除き、戒厳は宣告され得ない」と定める。ただ、この段階では未だ憲法・憲法条文の停止と戒厳との関係は憲法上明確な形では規定されていない。ところが、一八三〇年八月一四日憲法では戒厳の規定はなくなり、その復活をみたのは一八四八年一一月四日の憲法においてであった。その一〇六条には、「法律は、戒厳が宣告される場合を定め、これらの措置の形式及び効果を規定する」とある。これを受けて制定された法律が一八四九年八月九日の戒厳法で、フランス戒厳法はこの法律をもって一応完成をみることになる。

さてドイツに目を転じると、一八五〇年一月三一日のプロイセン憲法一一一条は、憲法そのものではなく、そのいくつかの条文の効力を停止し得る旨定める規定であったが、この戒厳制度は、この規定を受けて制定された一八五一年六月四日のプロイセン戒厳法に受け継がれることとなる。

では、戒厳の特色とは何か。概要次のように語ることができよう。

第一に、執行（行政）権の軍事官権（軍司令官）への移転（Übergang）であり、さらにＰ・ラーバントにならえば文事官憲（庁）の軍司令官への服従である（P.Laband, Das Staatsrecht des Deutschen Reiches Neudruck der 5. Aufl., B., 4, 1964）。

第二に、通常法（憲法自体又はその条文）の効力の停止である。

第三に、軍事裁判所の設置である。

そして、この戒厳は「行政権拡大型」、すなわち「法律による行政」の統制を解除し、行政権を拡大するタイプであり、戒厳にあっては権限行使がひとまず合法とされ、違法があれば問責されるという仕組みになっている。これを称して、「主観的緊急状態主義」などと呼ぶこともある。非常権（緊急権）行使の合法化が、法定の緊急状態ありとする当該権限行使者の善意（Guter Glaube）だけでなされるものといえよう。なお、立法に着目すれば、大陸諸国に見られた「緊急命令」は、委任立法とも異なる行政権による「立法権吸収型」といえるだろう。その意味で、議会統制は弱いものとなる。

総じて、大陸法系諸国では非常事態における「非常権」を予め憲法によって規定しておくが、それも次に掲げる二つのタイプに分かれる。
① 非常権行使の要件およびその効力の限界を明確に憲法で規定するもの（ドイツの戒厳制度→ワイマール憲法四八条、プロイセンの戒厳制度→一八五〇年一月三一日プロイセン憲法、一八五一年六月四日プロイセン戒厳法）。
「戦時又は事変に際し公共の安全に対して急迫した危険があるときは、憲法第五条、第六条、第七条、第二七条、第二八条、第二九条、第三〇条及び第三六条は、その時期及びその地域を限り、その効力を停止することができる。細則は、法律で定める。」（プロイセン憲法一一一条）
② 憲法には非常権の規定はおかれているけれども、憲法自身は非常権行使の要件および効力につき詳細な規定をおくことを避け、それらを専ら法律に委ねるもの（フランス、明治憲法下の日本の戒厳制度）。
ここで、「戒厳」という制度の下、しばしば語られる「憲法条文の効力の停止」とは、いかなることを意味するか取りまとめておく。

まず、一般論をいえば、通常法の効力の停止とは、一定期間、一定領域における、不特定多数のケースに対する通常法の一般的な不適用を意味する。これからして、「憲法条文の効力の停止」とは、明示の宣言によって自己および他の権限官庁のため、時、所を限り、この条文の適用を一般的に排除して、以て公権力の制約を排除し、公権力の活動範囲を拡大する作用と解される。通常、この憲法条文は個人権規定なので、要するにこの規定による公権力の縛りを解くことを意味するといってよい。

(二) 英米法系の「非常権」

ここでは、主としてイギリスの実定法的非常権にふれる。厳密な意味で大陸法系の戒厳に相当するか否か微妙なところもあるが、イギリスにはマーシャル・ロー（martial law）と呼ばれるコモン・ロー上の非常権は認められる。ただ、その意味は多義的であり、以前は、①軍隊を支配する法典、すなわち軍法（Military Law）の意味で用いられ、また、②戦時、敵国の占領地において軍司令官によって執行される法という用法もみられた。けれども今日では、③軍が自国において一般市民に制限や規制をくわえることのできる、戦争状態に匹敵する非常事態を指す。その場合、通常法は停止し、通常裁判所に代わって軍事法廷（military tribunals。ただし、軍法会議（court-martial）ではない）による略式裁判が行われる。この意味でのマーシャル・ローの下では、軍当局が暫定的に統治し、それはまた行政権拡大型の非常権である。これは、大陸法系の戒厳に相当するものと解されるが、イギリスにおけるその存在に疑問を呈した学者もかつていた（イギリスの憲法学者ダイシー（Dicey））。なお、マーシャル・ローの後、軍隊に遡及して保護を与える免責法（Indemnity Act）が制定されるのが通例である。この免責法という発想の理解にとっては、次のハチェックの説明が有益な示唆を与えてくれる（J.Hatschek,Englisches Staatsrecht, II, 1906）。

ハチェックの言によれば、マーシャル・ローは「戦時にのみ生じ、およそ法ではなく、一般的に認められた不法である」。したがって、マーシャル・ローの下で行われた行為は一応違法とみなされ、命令者および執行者もその結果に対し責任を負わなければならない。その間は格別、終了後は通常裁判所による問責は可能で、これから免れるためには免責法（Indemnity Act）の制定が必要とされる。このようなマーシャル・ローにおける違法——免責という連鎖と異なり（違法な緊急命令——免責法という連鎖の指摘もある）、大陸における戒厳は法定要件を充足する非常措置（緊急行為）を合法的なものと認め、初めから権利性を付与するものである。ただ、第一次大戦後、平時の産業不安に対処するものとして制定された非常（緊急）権法（Emergency Powers Act,1920）によって、従来は免責法を要した非常措置も合法的に体系化された、という指摘もなされていることを付言しておこう（小林・前掲書一〇〇頁）。また、行政権による立法権の吸収につきふれれば、イギリスの場合、授権立法の方法がとられる。

さらにいえば、大陸法系の「主観的緊急状態主義」対して「客観的緊急状態主義」が英米の非常権の特色をなしているとも語られている。この主義は、裁判所や議会における非常（緊急）措置の許容可能性（Entschuldbarkeit）の判断にあたり客観的基準（やむにやまれざる（圧倒的）利益の原則——das Prinzip des überwiegende Interessen）も要求するものである。すなわち、「緊急行為（非常措置—小針）は一応全部違法と推定され、後に真にやむをえない措置であったと認定されてはじめてその責任が免除される」のである。

◇マーシャル・ロー（martial law）に関するイギリスの憲法学者ダイシー（Dicey）の見解

マーシャル・ローとは、法に対する暴力的反抗（侵略・叛乱・暴動）の場合に、力を力で鎮圧する、国王ないしその官吏のためのコモン・ロー上の権利である。しかしながら、それが上記の戒厳とは異なり武力（an armed force）の存在とはいかなる特別の関係ももたないことは注意を要する。おそらく、その発想の原点は次に掲げる考え方に求められよう。

すなわち、「国王は平和の破壊を鎮圧する権利を有している」。しかし、文民（civilian）、軍人（soldier）いずれにせよ、およそ臣民であれば、平和の破壊を鎮圧するのに助力する権利を有し、それはまた義務でもある。したがって、一般国民と違った形で、国王やその官吏に質的に異なる特別の権利が与えられているわけではない。力の行使の最終判断は裁判所において行われる、というものである。

〔A. V. Dicey, Introduction to the Study of the Law of the Constitution, 8.ed., 1923〕

Ⅲ　今日のわが国の「有事法制（非常事態法制）」
――今、有事法制は存在しているのか?

現行憲法は、その五四条二項にいう「参議院の緊急集会」を除けば、非常権につき〝雄弁な〟沈黙を守っている。また、戒厳が憲法・憲法条文の効力の停止をその内実の一つとする限り、法律によるその制度化は憲法上無理といわなければならない。とはいえ、一九五四（昭和二九）年の防衛二法、すなわち防衛庁設置法および自衛隊法（以下、「隊法」という）による自衛隊の設置以来、非常時における自衛隊という武力組織の部隊行動が有意義に問題とされるに至っている。以下、この部隊行動を論述の中心に据え、議会統制の視点から多方面にわたって考察をくわえる。

さて、隊法上、部隊行動が予定されているのは次に掲げるとおりである（併せて参照、小林・前掲書一九四～一九五頁）。

①　防衛出動（七六条）
②　同待機命令（七七条）
③　命令による治安出動（七八条）

④　同待機命令（七九条）
⑤　要請による治安出動（八一条）
⑥　自衛隊の施設等の警護出動（八一条の二）
⑦　海上における警備行動（八二条）
⑧　災害派遣（八三条）
⑨　地震防災派遣（八三条の二）
⑩　原子力災害派遣（八三条の三）
⑪　対領空侵犯措置（八四条）。

これらの部隊行動のうち、国会の承認にかかるのは、①防衛出動（七六条）、③命令による治安出動（七八条）である。

前者の防衛出動にあっては、あくまでも内閣総理大臣（以下、「総理大臣」という）は出動下令前に国会（衆議院解散のときは、緊急集会による参議院）の承認を得るのが原則で、「特に緊急の必要がある場合」に限って例外的に事前の承認を得ることなしに下令しうる。ただし、その場合には、「直ちに」国会の承認を求めなければならず、もし不承認の議決があったときは、「直ちに」自衛隊の撤収を命じなければならない。他方、命令による治安出動の場合、総理大臣はその出動下令の日から二〇日以内に国会に付議して、国会の承認を求めなければならず、不承認の議決があったときは、「すみやかに」自衛隊の撤収を命じなければならない。このように、命令による治安出動では、防衛出動と異なり、国会の承認は事後的なものとされている。自衛隊の任務を規定する隊法三条によれば、自衛隊の主たる任務は「直接侵略及び間接侵略に対しわが国を防衛すること」であり、「公共の秩序の維持」は従たる任務といってよい。

防衛出動はまさに直接侵略に対する対応措置であるが（そのためか、国会の事前承認が強く求められており、衆議院解散のときは、緊急集会による参議院の承認でも構わないとして、とにかく事前の承認を、という規定の仕方になっている。「事前へのこだわり」が、そこにある）、命令による治安出動も、「間接侵略その他の緊急事態に際して」という隊法七八条の規定からすると、間接侵略対処というもう一つの主たる任務に応ずるものであり、とすれば国会承認の事前・事後の違いが何に起因するのかが問題となる（防衛出動、命令による治安出動、どちらも自衛隊の主たる任務に応ずるもの）。一ついえることは、直接侵略対処は明らかに対外的なものであるのに対し、間接侵略対処は対内的な性格を有している、ということである。ただ、今日の武力紛争にあっては、これら二つの侵略が同時並行的になされる可能性が高いと思われる。ちなみに、同じ治安出動でも、「治安維持上重大な事態につきやむを得ない必要があると認める場合」、都道府県知事の要請により行われるそれには、国会の承認も国会への報告も規定されていない。

なお、隊法以外の部隊行動にもふれれば、まずもって国際平和協力法六条七項に規定する自衛隊による「平和維持隊本体業務」（ただし、附則二条により今のところ凍結されている）実施への国会の承認があげられる。事前承認が原則で、「国会が閉会中の場合又は衆議院が解散されている場合」には、例外的に海外派遣開始後の承認も認められている。ただし、その場合、政府は、国会で不承認の議決があったときは、「遅滞なく」、当該業務を終了させなければならない（同法六条九項）。同様の事前承認規定はこの度成立した周辺事態安全確保法にもみられ、同法五条によれば、自衛隊の部隊等が実施する後方地域支援等の「対応措置」については、総理大臣はその実施前に国会の承認を得なければならない。ただし、「緊急の必要がある場合」にはこの限りではない。けれども、その場合には「速やかに」対応措置実施につき国会の承認を求めなければならず、政府は、不承認の議決があったときは、「速やかに」当該活動を終了させなければならない。

こうみてくると、要件上微妙な差違もみられるが（カギカッコで括った箇所）、自衛隊（の部隊）の対外的行動に対しては、国会の事前承認が原則とされている点に現行法制の共通点が認められ、国会による承認こそが議会統制の要諦をなすといってよい。ただし、総理大臣の国会への報告義務は基本（実施）計画の変更等の場合に限定され、活動状況の報告はその限りではない。

この部隊行動の議会による事前承認制は、ドイツにおいても憲法裁判所により「憲法伝統」を踏まえて、是認されている。ドイツ連邦国防軍の「域外派遣」にかかる憲法裁判所判決がそれで、武装部隊の出動は原則的に連邦議会の事前の形成的同意（konstitutive Zustimmung）を要する（BVerGE 90, 286ff. S. 381, S. 387）、というものである。

さて、わが国に戻り、自衛隊の災害出動（隊法によれば、「派遣」）にもふれてみよう。災害出動が軍事的な性格を有するか否かについても、議論なしとしないが、防衛出動と比べるならば、武力の行使が予定されていない以上、そのような性格ははるかに稀薄であろう。

ただ、災害出動といっても、隊法上、八三条の「災害派遣」と同条の二の「地震防災派遣」及び同条の三の「原子力災害派遣」の三つがあるが、ここでは、説明の便宜上、「災害派遣」と「地震防災派遣」の二つにしぼる。前者の「災害派遣」も都道府県知事その他政令で定める者（同法施行令一〇五条によれば、「海上保安庁長官」・「管区海上保安本部長」・「空港事務所長」）の要請によるものと要請によらないもの（同条二項）とがある。後者の「地震防災派遣」は、大規模地震対策特別措置法一三条二項による要請に基づく派遣である。ここで注意を要するのは、この派遣要請が実際に地震災害が生ずる前に行われるということである。というのも、派遣要請目的をなす「地震防災応急対策」が、同法二条一四号により「警戒宣言が発せられた時から当該警戒宣言に係る大規模な地震が発生するまで又は発生するおそれがなくなるまでの間において当該大規模な地震に関し地震防災上実施すべき応急の対策をいう」と定義されているからである。したがって、実際に地震が発生し、災害の生じた場合には、「災害派遣」の問題になる。

このように、現行法制下にあってもドイツほどの体系性（基本法一〇a章）はないものの、自衛隊法を中心とした「有事法制」を一応語ることができる。しかし、「防衛出動」から「災害派遣」に至る骨格はみられるが、その肉付けとなると未整備といわざるを得ない。

なお、災害対策基本法八章（一〇五条以下）には「災害緊急事態」が、警察法六章（七一条以下）には「緊急事態の特別措置」がそれぞれ規定されている。

これから、有事法制上何が問題になるのか、簡潔に一瞥して本章を締めくくろう。

Ⅳ　これからの「有事法制」

わが国における有事法制の研究は、「有事法制の研究について」という表題で一九八一（昭和五六）年四月二二日および一九八四（昭和五九）年一〇月一六日の二回にわたり中間報告が公表されている。研究は、「自衛隊の行動にかかわる法制」・「米軍の行動にかかわる法制」・「自衛隊及び米軍の行動に直接にはかかわらないが国民の生命、財産保護などのための法制」の三項目に分けて進められている。「自衛隊の行動にかかわる法制」についていえば、防衛庁所管の法令および他省庁所管の法令についての問題点の整理は、これまでにおおむね終了し、所管省庁が明確でない事項に関する法令については、政府全体として取り組むべき性格のものであり、個々の具体的検討事項の担当省庁をどこにするかなど今後の取扱いについて、内閣官房が種々の調整を行ってきている（平成一三年版防衛白書一二五頁）。その他の項目は、今後の検討課題である。

さて、これからの有事立法において予想されるのは、新立法もさることながら、現行法令の適用除外や特例措置の規定である。いずれにせよ、かかる法改正をなすか否かは「国の唯一の立法機関」である国会の判断にかかっており、そこに究極の議会統制をみることができよう。上述の「承認権」が重要な統制手段の働きをなすことはいうまでもない。

第7章 自衛隊と国連平和維持活動

――軍隊（自衛隊）像の再構成

近年、わが国において国際貢献、とりわけ物的のみならず人的貢献が盛んに論じられており、憲法を取り巻く政治的・社会的環境にも大きな変化がみられる。もとより、国際貢献それ自体は憲法前文で謳われている「諸国民との協和」の理念からしても当然のことであって、国家の独善を排しようとするならばむしろ義務とすら語ることができよう。まさに、前文が「いづれの国家も、自国のことのみに専念して他国を無視してはならない」と謳うのも同様の趣旨であろう。

ただ、問題はその内容であって、この点につき国連平和維持活動と憲法九条との関係がこれまでもしばしば論議されてきた。中心的な論点は、国連平和維持活動の主要な構成要素である「国際連合平和維持軍（わが国の現行法制下では、「国際連合平和維持隊」（国際平和協力法六条七項）とし、「軍」とはしていない）（以下、「国連平和維持軍」という））への参加が結局のところ憲法九条で放棄する「武力の行使」に当たるのではないか、ということである。平和維持軍がその程度は何であれ、「武装」することに変わりなく、場合によっては応戦またはその任務遂行に対する妨害排除のため部隊行動をなし、そこに「武力の行使」が語り得ないわけではないからである。

Ⅰ　概　説

わが国における「国際貢献」をめぐる立法状況はおおよそ次のとおりである。一九九〇（平成二）年八月二日のイラク軍によるクウェイト進攻に端を発した湾岸紛争を契機として、わが国政府は閣議決定の上「国際連合平和協力法案」を平成二年一〇月一六日、同月一二日に召集された一一九回臨時国会へ提出したが、同案は結果的に廃案となった（一一月八日、与野党の幹事長・書記長会談で廃案が決定。一二月一〇日一二〇回通常国会召集）。その後、平成三年四月二四日には政府が掃海艇のペルシャ湾派遣を決定し、同月二六日ペルシャ湾へ掃海艇が出航し、自衛隊初の派遣となった。かくするうちに、政府は同年九月一九日「国際連合平和維持活動等に対する協力に関する法律（国際平和協力法）案」及び「国際緊急援助隊の派遣に関する法律（国際緊急援助隊法）の一部を改正する法律案」を一二一回臨時国会へ提出したが、一〇月四日衆議院本会議は両法案の継続審議を議決した（同年一一月五日召集された一二二回臨時国会において、一二月二〇日、参議院本会議でも国際平和協力法案の継続審議を議決）。明けて平成四年の一月二四日、一二三回通常国会が召集され、国際平和協力法案の一部を修正後、六月一五日両法案は成立した（以下、「国際平和協力法」を法という）。なお、「カンボディア国際平和協力隊の設置等に関する政令」（平成四政令二九五）により同協力隊の設置をみ、自衛隊員が協力隊の隊員の身分及び自衛隊員の身分を併せ有する形で派遣されたことは周知のとおりである。ただ、自衛隊員の任務は、平和維持隊本体業務が今のところ凍結されているので医療（防疫上の措置を含む）や輸送・通信・建築等の後方支援活動に限定されている（同法附則二条）。

前述したところでもあるが、なぜこの平和維持活動（わが国では一般にＰＫＯと略記されているが、香西教授によればこの省略語はわが国だけの独特の用法であって、国連等においても使用されておらず、peace keeping operationsの省略語として国際的に普及しているのは、"peace-keeping"であるとの指摘もみられるものの、ここではわが国において広くなじまれているＰＫＯの方を用いる（香西茂『国連の平和維持活動』一頁、五頁（有斐閣、一九九一））。ただ、欧米の文献によれば、peacekeeping operationsという用語法がみられ、その省略語はハイフン無しの"peacekeeping"である。また、ＰＫＦとはpeacekeeping forcesの省略語である）への自衛隊及びその隊員の参加が憲法上問題となるのか。そもそも平和維持活動とは何かなどの基本的な諸問題につきふれることにする。

Ⅱ　国連平和維持活動（ＰＫＯ）とは何か

㈠　その成立過程

香西教授によれば、次のように説かれている（香西・前掲書）。

「国際連合の『平和維持活動』という言葉は、国連憲章上の用語ではない（一頁）。それは、国連の創設者が本来構想していた『集団安全保障』の制度が国連発足後間もなく挫折したあとを受けて、国連の実践過程で編み出された一連の国連活動をさして、一九六〇年代に入ってから用いられるようになった新しい概念である（一～二頁）。この言葉が国連の用語として一般化するきっかけとなったのは、おそらく、国際司法裁判所が一九六二年七月二〇日に出した『国際連合のある種の経費』に関する勧告的意見であると思われる」（二頁）。

なお、この「ある種の経費問題」の詳細は同書一一五頁以下にふれられている（五　国連軍経費の分担業務と合憲性の問題）。

また、防衛研究所研究室長高井晉氏によれば、その経緯はおおよそ次のとおりである（高井晉「国連の平和維持機能の理念」新防衛論集二〇巻二号）。

「国連の平和維持活動は、国連休戦監視機構（UNTSO）あるいは国連インド・パキスタン軍事監視団（UNMOGIP）が最初とされている。これらの平和維持活動は、いずれも安全保障理事会が設置した調査委員会の活動をきっかけとしており、その活動が発展して平和維持活動となったといえよう（ただし、これらの国連初期に行われた活動は、憲章第三四条に規定する安保理の事実調査権に基づく活動の一部であって、当初はPKOと称していなかった。PKOの呼称についていえば、国際司法裁判所が一九六二年七月二〇日に出した『国際連合のある種の経費』に関する勧告的意見の中で、国連緊急隊及びコンゴ国連軍（ONUC）による活動をPKOと呼んで以来のことであった（前掲・安全保障法制二五二頁）。」（同論文三二頁）

「平和維持活動は、その活動の初期から、紛争が発生してから行なわれる軍人による停戦違反の調査・監視活動であると共に、国連の指揮下で行なわれる活動であることが要件となっていたといえよう。」（同三五頁）

「国連の平和維持活動は、これまでみたように、事実調査委員会の活動から発展して停戦監視団の活動となり、これがさらに平和維持軍の活動へと展開してきたといえよう。」（同三七頁）

してみると、PKOは初めから国連憲章で謳われていたというよりも、国連における大国間の対立により集団安全保障体制が挫折する中、国連活動の実践を通して編み出された防止外交の一形態と解すべきものであろう。

なお、このＰＫＯと集団安全保障との違いにふれるならば、ひとまず次のように語ることができる。

「後者（集団安全保障―小針）にあっては、侵略者や平和破壊行為に対して集団構成員による強制力ないし制裁を加えることによって平和の維持、回復をめざすことを本質的要素としており、それゆえに、集団安全保障の機能は『平和の強制（peace-enforcement）』、つまり強制力を背景とした平和維持の方式と呼ばれるのである。これに対して、peace-keeping という概念には、強制的性格は逆に否定されているのであり、国連活動に軍事組織が用いられているといっても、それは憲章第七章で予定された強制行動のためのものではない」（香西・前掲書三頁）。

さらに、このような非強制的性格とならんで、平和維持活動の一つの特色として、その中立的性格もあげられるが、これにより、この活動は中立性を原理的に排除する集団安全保障とは基本的に相容れない側面を有することも指摘されている（同書四頁）。

また、時に〝peace-making〟（平和創設、和平の達成）という言葉も登場してきているが、それは「実質的には、国連憲章の第六章に規定された伝統的な『紛争の平和的解決（pacific settlement of disputes）』の機能の別称であって、これを比喩的に表現したものに他ならない」と語られている（同書四頁）。

かくして、これら三者の相互関係は次のようにまとめることができよう。

「このようにみると、peace-keeping は、集団安全保障（憲章第七章）の peace-enforcement と、紛争の平和的解決（第六章）の peace-making という二つの機能に対し、その間に位する第三の機能として位置づけることができよう（四～五頁）。平和維持活動の憲章上の基礎について、しばしば『第六章半』という比喩が用いられるのは、この意味において理由のあることである」（同書五頁）。

図21　国際平和協力業務のうち自衛隊の部隊などが行う業務

国際平和協力業務

- **国連平和維持活動**
  - **平和維持隊本体業務**（自衛隊の「部隊等」によるものは、別に法律で定める日までの間は、これを実施しないこととされている。）
    - ①　武力紛争の停止の遵守状況、軍隊の再配置・撤退、武装解除の監視
    - ②　緩衝地帯などにおける駐留、巡回
    - ③　武器の搬入・搬出の検査、確認
    - ④　放棄された武器の収集、保管、処分
    - ⑤　紛争当事者が行う停戦線など境界線の設定の援助
    - ⑥　紛争当事者間の捕虜交換の援助
  - **平和維持隊後方支援業務**
    - ⑦　医療（防疫上の措置を含む。）
    - ⑧　輸送、通信、建設など
  - 自衛隊の部隊等の実施の対象とならない業務
    - ⑨　選挙、投票の公正な執行の監視、管理
    - ⑩　警察行政事務に関する助言、指導、監視
    - ⑪　⑩以外の行政事務に関する助言、指導
- **人道的な国際救援活動**
  - ⑫　被災民の捜索・救出・帰還の援助
  - ⑬　被災民に対する食糧、衣料、医薬品など生活関連物資の配布
  - ⑭　被災民を収容するための施設、設備の設置
  - ⑮　被災民の生活上必要な施設、設備の復旧、整備のための措置
  - ⑯　紛争によって被害を受けた自然環境の復旧など

（注）１　上記に類する業務が政令により追加されることもあり得る。
２　平和維持隊後方支援業務として⑫～⑯の業務を、また、人道的な国際救援活動として⑦及び⑧の業務を行うこともあり得る。

出典：『防衛白書』平成13年度版205頁より。

㈡　その法的根拠

では、国連平和維持活動の法的根拠はどこにあるのか。この問題の解決法として二つあげられている。一つは国連憲章の特定の条文（一般的根拠規定や特定の根拠規定）に求める方法であり（例えば、安保理の決議に基づいて派遣されたＰＫＯは、その法的根拠を憲章四〇条に求める。他方、国連総会の決議によって派遣されたＰＫＯは、「平和のための結集決議」をその法的根拠とする。国連総会の権限・任務を規定した憲章一〇条及び一一条も併せて憲章上の基礎とされる。参照、前掲安全保障法制二五八頁）、他は国連の権能に関する一般理論に求める方法（「黙示的権能」の理論、「後に生じた慣行」の理論）である。

いずれにせよ、広く国際慣習法まで視野に入れれば、今日国連平和維持活動の法的根拠そのものの問題は克服されたと解されるべきではあるまいか。問題は、法的根拠の違いに応じてこの活動自体にも違いが生ずるのか否か、生ずるとすればいかなる点にどのような形で生ずるかであろう。

㈢　その特色

特色付けは論者間に多少の違いも見受けられるが、これまでの伝統的な活動に限定する限り、次のように取りまとめることができよう。この国連平和維持活動は紛争当事者による停戦の合意に基づき（合意原則）、国連機関（安保理または国連総会の決議に基づき国連事務総長）の要請により各国がそれに応じて要員を派遣し（国際性）、その派遣に対する当事者（国）の同意があり（同意原則）かつ国連事務総長またはその権限を行使する者の指揮下でなされる、非強制的で中立的な国連の活動であると解することができよう（非強制・中立性）。なお、「武力の行使」につきふれれば、それはこの活動の第一義的目的ではなく、応戦や妨害排除という形で極めて限定的になされるのがこれまでの例である。とはいえ、展開先の状況によっては戦闘に巻き込まれて犠牲者がでることもあって、これまでに設置されたＰＫＯの要員の犠牲者は、戦闘・病気・交通事故によるものを含めて約一、二〇〇名に及ぶといわれている（前掲・安全保障法制二六一頁）。

◇「国連平和維持隊への参加に当たっての基本方針（いわゆる五原則）」

一、紛争当事者の間で停戦の合意が成立していること。
二、当該平和維持隊が活動する地域の属する国を含む紛争当事者が当該平和維持隊の活動及び当該平和維持隊へのわが国の参加に同意していること。
三、当該平和維持隊が特定の紛争当事者に偏ることなく、中立的な立場を厳守すること。
四、上記の原則のいずれかが満たされない状況が生じた場合には、わが国から参加した部隊は撤収することができること。
五、武器の使用は、要員の生命等の防護のために必要な最小限度のものに限られること。

〔平成一三年版『防衛白書』（二〇四頁）〕

また、他の論者によればその特色は次のように取りまとめられている（高井晉「国際平和の維持と国連憲章――国連平和維持活動を中心に」新防衛論集一八巻一号一七～一八頁）。

①　自発的兵力提供国の兵力で地理的配分を考慮して編成された軍事監視団または平和維持軍は、国連

事務総長の指揮の下に活動する。

② 政治的中立の立場を守り、内政問題不介入の原則を貫くことを要請されている。

③ 派遣先の要員は現地指揮官の指揮に従うのであるが、事務総長の任命する司令官は事務総長に報告書を提出、指示を受けなくてはならない。

④ 平和維持軍にはその任務遂行上自衛に必要な場合を除いて武力の行使が許されていない。この自衛行動には武力攻撃下にある基地、施設および車両等の防衛、兵士その他の国連要員の救援を含んでおり、たとえこのために必要な武力行使であっても、それは説得後にしかも必要最小限度に留めなければならない。平和維持軍の兵士は自己防衛用として小火器のみ携帯している。これに対して、軍事監視団の要員は武装していない。

ただし、高井氏の「今後、国連が紛争当事者の一方に偏した行動をとるような事態が発生したら、それはもはや平和維持機能とは無縁のものとなろう」（同「国連の平和維持機能の理念」新防衛論集二〇巻二号四二頁）という警告は今後の平和維持活動を進める上で見過ごすわけにはいかない要点であろう（このことを「平和強制軍」の挫折が教えてくれる）。

＊ 国連事務総長ブトロス・ガーリが構想した平和強制部隊は、第二次国連ソマリア活動（ＵＮＯＳＯＭⅡ）において、初めて和平合意を遵守させるために武力を行使したが、所期の目的を達することができず、結局ＵＮＯＳＯＭⅡの撤退を余儀なくさせることとなった（前掲・安全保障法制二五九頁）。

平和維持活動（機能）が国連憲章に明示的な根拠を有することなく、その実践的活動から生成・発展してきたという経緯に鑑みれば、国際情勢の変化等に応じてその基本的な性格も変容・変質しうるものであることは十分考えられる（例えば、ジェノサイド（genocide）や民族浄化（ethnic cleansing）に代表される人権侵害の克服のためや安全地帯の防衛、難民キャンプの安全確保、救援部隊の護衛などにみられる人道援助のためになされるＰＫＯにあっては、政治的中立性と軍事的不偏性が必ずしも維持されない場合も生じえ、それどころか人権問題や人道問題に対処するため積極的な武力の行使さえも主張されている）。

㈣　その諸類型

これまでの平和維持活動をみれば、大きく二分される。すなわち、平和維持軍と監視団の二つである。そもそも平和維持活動は平和維持軍と軍事監視団から発し、その後軍事監視団に選挙（行政）監視が加わり、単に監視団と称されることとなった。したがって、この段階になると平和維持軍と監視団ということになり、さらに現在では平和維持軍・監視団・その混成という三類型がみられるに至っている（山田康夫「国連平和維持活動（ＰＫＯ）の一考察」防衛法研究一六号）（なお、国連平和維持活動のためにカナダやオランダでは自国の国防軍の一部を待機軍に回し、北欧四国やオーストリアでは別組織という方式を採用している）。

＊　前掲・安全保障法制はＰＫＯを伝統的ＰＫＯと現代ＰＫＯとに分け、前者の伝統的ＰＫＯが単次元的であったのに対し、後者の現代ＰＫＯは多次元的な（multi-dimensional）ものであると説く。

つまり、現代ＰＫＯは、国連事務総長特別代表の指揮の下に、軍事監視団・平和維持隊（軍）で構成される軍事部門（military component）と文民警察・選挙監視要員・行政監視要員等で構成される文民部門（civil component）が、展開先の事情によって時期は異なるが、ほぼ同時に設置される。

そして、この現代ＰＫＯは、要員構成の観点から「複合的ＰＫＯ」、任務の観点からは「暫定統治型ＰＫＯ」、あるいはＰＫＯの変遷の観点から「第二世代のＰＫＯ」などと呼ばれている（同書二五五頁）。

次に、各類型につき簡単に説明しよう（山田前掲論文七二頁）。ただし、以下の類型の説明に対してはいずれもその理念型が語られているのであって、必ずしも実態と一致しているわけではない、という指摘もみられる（山内敏弘・平和憲法の理論三五五～三五七頁（日本評論社、一九九二（平成四））。なお、三五八頁以下も併せて参照）。

① 平和維持軍　軽武装で、対立する軍隊の引離し、戦闘再発の防止、治安の回復維持等に当たるが、平和維持活動の中では危険な任務とされている（要員は軍事要員からなる）。ここでは、場合によっては行われることとなる「武力の行使」がとりわけ問題となる。

② 監視団　軍事要員から成る軍事監視団についていえば原則的に非武装であり、停戦後の違反の監視に当たり、時には攻撃される恐れもあるが、反撃の手段をもたない。その他、文民から成る選挙・警察・行政監視団等もみられる。

特に平和維持軍に焦点を当て、これまでの考察からその特色を示せば、次のようになろう。

第一に、その第一義的目的が武力の行使であるのか否か。

否である。武力の行使が、武力攻撃を受けた場合に部隊及びその要員の安全を確保すべく、あるいは部隊の任務遂行妨害排除のため厳格な要件の下にやむを得ず行われるならば、武力の行使は第一義的目的とはいえない。

第二に、派遣部隊に対する指揮権はどこに属するのか。派遣国か国際機構である国連（その機関である国連事務総長）か。

この点に関して、わが国の現行法制は「派遣された要員や部隊の配置等に関する権限」である「指図（コマンド）」と「懲戒処分等の身分に関する権限」である「指揮」とを区別するやや複雑なあり方を採用している（法八条によれば、内閣府に設置される国際平和協力本部の長である本部長（内閣総理大臣をもって充てる）が、実施計画に従い、国際平和協力業務を実施するため、所定の事項を定める実施要領の作成、変更を行うこととされている。ところで同条二項によれば、この作成・変更は、国際連合平和維持活動として実施される国際平和協力業務に関しては、事務総長または派遣先国において事務総長の権限を行使する者が行う指図に適合するように行うものと定められている)。

ところで、憲法九条の放棄対象（戦争を除く）は「国際紛争を解決する手段として」の武力による威嚇又は武力の行使（一口にいえば、武力使用）である。そしてまた、ここにいう「国際紛争」とはわが国が主体となってなされる国家相互間の紛争（わが国独自の紛争）であることはいうまでもない。したがって、紛争当事者（国）の同意の下に、国連の要請に基づき、その事務総長等の指揮下でなされる平和維持活動はそれ自体としてみるかぎり、わが国独自の国際紛争を解決するための活動とはいいがたい。紛争当事者（国）の紛争解決努力への援助（助成）活動と解されるべきものである。このような見方はとりわけ伝統的ＰＫＯに当てはまる。もとより、このような活動への参加と九条との微妙な関係は否定しさることはできない。特に、派遣した自国の部隊に対し武力攻撃がくわえられた場合になされる応戦行為、あるいは任務遂行の妨害に対してとられる妨害排除行為もまた九条の放棄する武力使用なのか、という問題との関連で考えるならば、なおのことであろう。

とはいえ、私見では平和維持軍の派遣をも含む平和維持活動それ自体は、派遣国独自の防衛問題とはいいがたい。少なくとも派遣段階では、集団的自衛権も、ましてや個別的自衛権も問題とならない。したがって、この活動は、国際社会におけるいたずらな紛争拡大を防止し、当事者（国）の同意の下に国連の要請に基づき国連事務総長等の指揮下でなされる防止外交の一環と解されるべきものである。

Ⅲ　国連平和維持活動といわゆる「武力の行使（武力使用）」

結局、この問題は前述の「応戦行為」や「妨害排除行為」としてなされる部隊行動（ある種の実力行使）をどう法的に解するのか、すなわち憲法の放棄する武力使用に当たるか否かという問題に行き着く。

この問題を考える場合、ここでいう武力使用の主体は誰か。また誰との間での武力使用が問題とされているのかが検討されなければならないように思われる。九条の文面上では「日本国民は、（中略）国権の発動たる戦争と、武力による威嚇又は武力の行使は、国際紛争を解決する手段としては、永久にこれを放棄する」とある。とすれば、九条は国家相互間の「戦争」なり武力使用なりを念頭において規定されていると解するのが自然である。さらに、ほとんどの国家を包摂する普遍的国際機構である国連との関係でいえば、それとの「戦争」や武力使用はそもそも考えられないように思われる。というのも、国連という組織は決議等を通してその意思を外部に表明し得ても、固有の領土・領民をもたない以上、それへの武力使用ということ自体観念しがたいからである。

次に、ＰＫＦをその主たる構成要素とするＰＫＯは武力使用を第一義的な目的としていない以上、その活動は次のように理解されよう。

派遣自体は違憲とはいえない。ただし、前述のように派遣後、派遣部隊に対する武力攻撃やその任務遂行への妨害がみられる場合、部隊としての応戦行為や妨害排除行為が「武力使用」に当たるか否かが問題となり、当たるとした場合、合憲の理論構成が問題となる。ただし、その場合、次のような厄介な問題が横たわっている。すなわち、派遣後であることに着眼し、派遣国の個別的自衛権の行使として説明できるのか（派遣段階ではおよそ自衛権を語る余地はない）。つまり、武力使用を本来の目的としない外国への派遣部隊に対する武力攻撃をもって、この部隊の派遣国は国連憲章五一条に規定する国連加盟国に対する武力攻撃と解釈し、自衛権に訴えることができるのか（しかも、この場合、紛争当事者の同意を受けての部隊派遣であることは看過されてはならない）、といった問題がそれである。さらにいえば、国連という国際機構にそもそも自衛権が認められるのか、という根本問題も存する。

ただ、派遣後、派遣部隊は国連機関である事務総長等の指揮下に入り（現行法制的表現を用いれば「指揮」は「指図」となる）、その下での作戦行動の法的効果は派遣国ではなく国連に帰属するとすれば、この場合の「武力使用」も同様に国連に帰属することとなり、派遣国の武力使用の問題は成立しないこととなる。これは、国連平和維持活動の主体を国連とする「国連主体説」の論理的帰結でもある。

ここで、ＰＫＯ、とりわけＰＫＦを合憲とする理論構成の諸類型を取りまとめてみよう。

①　およそＰＫＯ（ＰＫＦ）は「武力使用」を目的とするものではなく、まったくそれと無関係であるがゆえに、合憲である。

②　場合によってはＰＫＦが応戦ないしその任務遂行に対する妨害排除のため部隊行動をとり、そこに「武力使用（より限定していえば、武力の行使）」を語る余地がないではない。しかし、この行動は国連という普遍的な国際機構によりその機関である事務総長等の指揮下でしかも「自衛」のためにとられるものであり、正当性が認められる。さらに、事務総長等の指揮下の武力使用であってみれば、「わが国」ではなく「国連」によるものである以上、違憲の問題は生じない。

③　現行憲法はその九条一項で「武力使用」の放棄を謳ってはいるが、それは無条件のものではなく「（わが国独自の）国際紛争を解決する手段」としての放棄である。とすれば、ＰＫＦによる武力使用はこのような手段的性格を欠いており、それに当たらない。したがって、九条に違反しない。

わが国の派遣部隊によるＰＫＦ活動の法的効果がわが国に帰属するとの考え方、すなわちこの活動主体を派遣国とする「派遣国主体説」に立てば、この見解に独自の意義を認めることができよう。ただし、その場合、この武力使用の法的根拠はどこにあるのかという問題は残る。わが国の自衛権に求めようとするならばＰＫＦ活動が自衛権の問題としてとらえられることになるが、果たしてこの見解は維持できるのか。少なくとも派遣段階ではわが国に対する武力攻撃はみられないのだから、個別的自衛権では説明できない。ならば、派遣後であれば説明できるのか。あるいは、集団的自衛権の援用はどうかかが問われるが、わが国の政府見解によれば、集団的自衛権は保持はしているものの、使用できないとされている。したがって、集団的自衛権をもってしても説明できない。

一体、そもそもＰＫＦ活動を個々の国家の自衛権でとらえることが適切かなど、解決されるべき諸他の論点が存在する。もとより、「侵略」以外であればどのような目的であれ、わが国は「武力使用」を行うことができるという見解に立つならば、このような問題にも容易に答えることができよう。

なお、この場合たとえ「わが国の」武力使用ではあっても、つまりその意味で派遣国主体説の立場に立ったとしても、この武器使用は国連憲章上の義務履行としてのそれである以上、「（わが国独自の）国際紛争を解決する手段」としてのそれではないから違憲とはいえない、と解する余地もある。この説は②と極めて紛らわしいが、②がいわば「国連主体説」に立って合憲と説くのに対して、この説は平和維持活動及びそれから派生する武力使用の主体をあくまでも派遣国とする点で、やはり②とは基本的な違いがあるといわなければならない。

この問題に関して注目すべきは広瀬教授の見解である。教授は、コンゴ国連軍にかかわる武力使用（敵対反乱に対する国連軍の「武力行使」による鎮圧行為）についてであるが、それを「安保理事会のマンデートを基礎にして作られた国連軍駐留の受入れ文言による実力『執行措置』である」（広瀬善男『国連の平和維持活動』一四四～一四五頁（信山社、一九九二））とみる。平和維持活動を国際的公序の維持形成活動ととらえるその見解は十分傾聴に値する。そして、この見解は著者が提起した平和維持軍による応戦・妨害排除行為の法的性格理解に貴重な示唆を与えるものでもある。いずれにせよ、このような行為が単に通常の武力使用一般と同列に扱われるべきものではないことだけは確かなようである。

ちなみに、平和維持活動における「武力使用」がかりに問題とされるにしても（もっとも法二条二項によれば、「国際平和協力業務の実施等は、武力による威嚇又は武力の行使に当たるものであってはならない」と定められてはいるが）、問題の「武力使用」なるものは、使用の要件・程度・方法・規模等からして、敵の戦闘能力を喪失せしめ、抵抗力を挫き、このようにして自己の意思を強制するためにとられる通常の戦闘における「武力使用」とはかなり異質なもの（平和維持活動における「武力使用」は要員の自衛または妨害排除にとどまる）というのが、今なお堅持している著者の立場である（もとより、平和維持活動とりわけ平和維持軍の変容・変質によってはこの立場を変更しなければならないが）。したがって、「武力使用」とはいっても平和維持活動と通常の戦闘行為とではやはりその法的性格を異にするといわなければならない。

なるほど、法二四条三項によれば「国際平和協力業務に従事する自衛官」は所定の要件の下で「実施計画に定める装備である武器」を使用することができ、「小型」武器という限定はない。しかしながら、当該業務の達成という目的からくる装備・武器の限定はあると考えるのが妥当であり、無制限な拡張解釈に道を開けているとは解しがたい。くわえて、六項では「小型武器又は武器の使用」に際しては刑法三六条（正当防衛）または三七条（緊急避難）の規定に該当する場合を除いては、「人に危害を与えてはならない」と定めている。すなわち、対人的武器使用は刑法三六条（正当防衛）、三七条（緊急避難）の規定に該当する場合に限定されるのである。

ところで、両条に当たる場合の対人的武器使用を法的にどのように評価すべきかが問題となる（ここでは説明の便宜上「正当防衛」に的をしぼる）。というのも、正当防衛は、通常、基本をなす「個人的利益の保護」という原理と補充的な「法の確証」の原理が相まって正当化される。してみると、正当防衛とは第一義的に「個人的利益の保護」のためになされる、個人的判断に基づく、すぐれて個人的な行為と解されることとなる。したがって、その違法性阻却事由は刑法三五条の正当行為ではなく、引用されているようにあくまでも刑法三六条の正当防衛に求められるべきこととなる。このあまりにも当然すぎるように思われる見解に対して、法二四条六項は実のところ刑法三五条の正当行為の要件を定めたにすぎず、したがって刑法三六条（正当防衛）等の規定に該当する場合の対人的武器使用は職務行為であって、それゆえにその違法性阻却事由は刑法三五条に求められるべきであるとする異論が成立する。いわゆる職務行為説がそれである。この立場に立てば、この対人的武器使用は職務行為である以上、行為者の所属する組織体に帰属することとなる。それに対し、個人的行為説であるならば、当然のことながら個人に帰属する。したがって、武器使用と派遣国との結びつきは完全に絶たれる。ただ、この個人的行為説の場合、武器使用が隊員個人の判断に委ねられるわけで、しかもその重い責任をひとえに各隊員が背負うこととなり、隊員個人にとってあまりにも酷ではないのかといった疑問が生ずる一方、隊員個人の判断に基づく無統制な武器使用はかえって生命・身体に対する危険または事態の混乱を招くという懸念もみられる（改正現行法二四条五項は、「当該現場に在る上官は、統制を欠いた小型武器又は武器の使用によりかえって生命若しくは身体に対する危険又は事態の混乱を招くこととなることを未然に防止し」と定める）。

こうした事情に鑑みてのことか、平成一〇年に法改正が行われて、新たに同条四項が新設され、「ただし書」は付いたものの、現場に上官が在るときには、「小型武器又は武器の使用」は原則として「上官の命令」によることとされた。上官の命令による武器等の使用であれば、職務行為であることは当然である。仮に個人的行為か否かが問題になりうるとすれば、「ただし書」の適用をみる場合、すなわち「生命又は身体に対する侵害又は危難が切迫し、その命令を受けるいとま」がなく、武器等を使用する場合、対人的武器使用についていえば、刑法三六条（正当防衛）等の場合であろう。これらの場合といえども、あくまでも上官の命令による武器等の使用原則に対する例外として解されるべきである、とすれば職務行為の枠組みの問題と理解できなくはない。

こうしてみると、法改正前の自衛官による刑法三六条（正当防衛）等の規定に該当する場合の対人的武器使用は次の一節によって、ものの見事に描写されていたといえる。

「自己の生命などを守ることはいわば自己保存のための自然権的権利であって、そのために武器を使用したとしてもそれが武力の行使にあたるとみなされることはありえないので、日本の要員による武器使用を、憲法上まったく問題のないそうした範囲に局限したのである。」（神余編『国際平和協力入門』一九五〜一九六頁（有斐閣、平成七））

しかしながら、このような見解は上官の命令による武器等の使用と改められた今日、そのままでは通用しないものとなった。職務行為であれば、自衛官の所属する組織体（派遣国である日本と解するのが自然であるが、平和維持活動の主体という観点からすれば国連ということにもなる）との結合関係が否定しがたいものとなったからである。そこで、改正後の現行法では上官の命令による自衛官の束、すなわち「部隊」としての武器等の使用と武力の行使（武力使用）との異同が有意義に問題となりうるのである。

ところで、この「武器の使用と武力の行使の関係」についての政府統一見解（全文）は次のとおりである。

①　一般に、憲法第九条第一項、「武力の行使」とは、我が国の物的・人的組織体による国際的な武力紛争の一環としての戦闘行為をいい、法案（国連平和維持活動協力法案―小針）第二四条の「武器の使用」とは、火器、火薬類、刀剣類その他直接人を殺傷し、又は武力闘争の手段として物を破壊することを目的とする機械、器具、装置をその物の本来の用法に従って用いることをいうと解される。

〈寸　評〉

これらの人の殺傷、または物の破壊を目的とする火器・機械等を部隊として使用する場合とわが国の物的・人的組織体による国際的な武力紛争の一環としての戦闘行為、すなわち武力の行使とが、どこがどのように異なるというのか理解しがたい。

しいていえば、国連平和維持活動における部隊としての「武器の使用」は「国際的な武力紛争の一環として」なされるものではないがゆえに、ここにいう「武力の行使」に当たらないということになるのであろうか。なお、平成一一年に成立した「周辺事態安全確保法」三条一項二号によれば「戦闘行為」とは「国際的な武力紛争の一環として行われる人を殺傷し又は物を破壊する行為をいう」とされている。これをも加味して、「武力の行使」を再定義すれば、「武力の行使」とは「わが国の物的・人的組織体による国際的な武力紛争の一環として行われる人を殺傷し又は物を破壊する行為」ということになろう。この意味での「武力の行使」と「武器の使用」との異同が改めて問われることになるが、後者の「武器の使用」概念にも「人を殺傷」とか「物を破壊」といった要素が実は含まれている。両者の関係は誠に微妙というほかはない。

ただ、このような説明よりも、むしろ武力の行使にあっては物的・人的組織体の存在が不可欠であるのに対し、武器の使用の場合にはそれは不可欠のものではなく、個人による武器の使用もありうることを指摘すれば両者の違いはより明確になるのではあるまいか。すなわち、武力の行使にあっては個人によるそれを語ることができず、たとえゲリラコマンドという形をとるにせよ部隊という「組織」が前提となり、それへの「指揮」が問題となる。これに対して、正当防衛等のための「武器の使用」では「個人」と「自己判断」が問題となる。ここに両者の決定的違いが存在する、と著者は考える。

② 憲法第九条第一項の「武力の行使」は、「武器の使用」を含む実力の行使に係る概念であるが、「武器の使用」が、すべて同項の禁止する「武力の行使」に当たるとはいえない。例えば自己又は自己と共に現場に所在する我が国要員の生命又は身体を防衛することは、いわば自己保存のための自然権的権利というものであるから、そのために必要な最小限の「武器の使用」は、憲法第九条第一項で禁止された「武力

の行使」に当たらない。

〈寸　評〉

「武力の行使」と「武器の使用」との関係につきふれれば、前者は後者の一部であっても全部ではない。したがって、「武器の使用」の全てが「武力の行使」となるわけではない。その意味で、政府見解には一定の合理性が認められる。ただし、「自己保存のための自然権的権利」という新奇な権利概念は慎重に用いられるべきであり、実定法上の権利をもって説明されるべきである。

いずれにせよ、両者の関係はすこぶる厄介である。防御的か否かで、両者は区別できる、とする見解も耳にするが、ならば「専守防衛」をその防衛戦略の基本に据えるわが国にあって、はたして攻撃的武器使用はありうるのであろうか。それがないとするならば、全てが防御的武器使用となり、もはや武力の行使（武力使用）は語り得ないことにならないか。こと防衛の世界に立ち入ると、あたかも迷宮（labyrinth）に迷い込んでしまったような不思議な情感に囚われる。そこは、まさしく「神学」の支配する時空のようでもある。

ともあれ、わが国政府が国連平和維持活動において一切の武力の行使（武力使用）を否定し続ける限り、このジレンマから逃れ出ることはできない。

Ⅳ　軍隊（自衛隊）像の今後

国連平和維持活動と軍隊（自衛隊）との関係を考えてみると、そこにはこれまでの軍隊（自衛隊）とは異質の姿が浮かび上がってくる。それは、敵軍を撃破殲滅《せんめつ》し、敵国の戦闘能力を喪失せしめ、抵抗力を挫くといったこれまでの軍隊像ではなく、むしろ武力使用は極力控え、戦闘のみが終息しているという、その意味で危うい平和を維持し武力紛争の再発・拡大を可能なかぎり防止しようとする業務に仕える軍隊の姿である。あたかも、それは世界規模での警察活動のようにもみえる。M・ジャノヴィッツは、その著書の終章「軍事的専門職の未来」において警察力としての軍隊にふれている。彼は、軍事的専門職の新しい自我像として国際関係における警察力（constabulary）としての軍隊像を提唱する（Moris Janowitz, The Professinal Soldier : a social and political portrait with a new prologue by the author, 1971, pp. 417~442)。彼は、次のように説く。

「国際関係における力の使用は、もはや軍事力というよりも警察力といった方が適切であると思われるほど変質した。では、いかなる場合に軍事力は警察力になるのか。それは、軍事力が最小限の力の行使に専心して、常に行動をとるべく準備し、勝利よりも実現性のある国際関係（viable international relations）を求めるときである。なぜなら、それは保護的な軍事的姿勢を具現化するものだからである。」(ibid. p. 418)

確かに、今から三〇年程前に公刊された文献ではある。また、「実現性のある国際関係」とは具体的に何を意味するのかの問題も存する。しかし、警察力としての軍隊像という発想は、今日の国連平和維持軍をとらえるうえで、有効かつ新鮮であるように思われてならない。著者は、このジャノヴィッツの軍隊像は今なお一考の余地あるものと信ずる。

第８章　情報通信技術（ＩＴ）革命と近未来の自衛隊（防衛）

Ⅰ　はじめに

『平成一三年版　防衛白書』の画期的な取組の一つは、「情報通信技術（ＩＴ：Information Technology）革命」に一節を割き、この革命が軍事・防衛にいかなる影響をもたらし、それに対していかに対応すべきか考察・検討をくわえていることである（参照、同白書「第四章　わが国の防衛と日米安全保障体制に関連する諸施策――万一の侵略事態への対応と日米の協力関係の向上　第二節　情報通信技術（ＩＴ：Information Technology）革命への対応」）。さらに、防衛庁がこのような情報通信技術革命に対応すべく、二〇〇〇（平成一二）年一二月、「防衛庁・自衛隊における情報通信技術革命への対応に係る総合的施策の推進要綱」を発表したことも同白書の伝えるところである（以下の記述は基本的に同白書に拠る。なお、特段の断りがない限り、『平成一三年版　防衛白書』を単に「白書」という）。

ところで、情報通信革命とは一体何であろうか。それは、コンピュータなどの情報通信技術の発展と普及により引き起こされた情報をめぐる環境の変化が人間関係や仕事の流れ、組織のあり方における変化を通じてもたらした経済、社会、政治などのあらゆる分野の広範な変革である。この変革、否、革命が軍事組織の神経系統である情報・指揮通信機能や防衛力の発揮そのものに与える影響につき、白書は次のように述べている。

「近年の情報通信技術の進歩は、大容量・高速・広域の指揮通信ネットワークを実現することなどにより、すべてのレベルにおける部隊指揮官や幕僚の状況把握能力を高めるとともに、複数のセンサー・兵器システムをネットワーク的に運用することを可能にするなど、防衛力発揮の効果を劇的に向上させる可能性を有している。このことから、今や情報は、防衛力発揮の支援要素ではなく、むしろその中核要素であり、情報通信技術の優劣が防衛の成否を決する重要な要因となるものと考えられる。」（一二九頁）

けれども、この革命は決してプラスの面のみ有するものではなく、ハッカーなどによる情報システムへの侵入やコンピュータウィルスの影響に社会がさらされやすいという社会の脆弱性を生み出すに至った。白書もこのことを認識し、次のように指摘している。

「一方、情報通信技術の進展による社会変革に伴い、社会全体に生じる新たな脆弱性に対応する必要がある。社会活動が情報システムや通信ネットワークなどの情報通信基盤に依存すればするほど、情報通信基盤への攻撃に対しては脆弱になる。」（一二九頁）

これが、その厳格な定義は定かではないが、いわゆるサイバーテロ（リズム）ないしはサイバー攻撃といわれるものである（平成一二年版防衛白書一六九頁は、サイバーテロを、必ずしも確定的な定義がある訳ではないがと留保しつつ、例えばとして「コンピュータ内に侵入、プラント制御系などを不能にして企業活動をストップさせたり重大な混乱に陥れる行為」をいうとしている）。

したがって、情報通信革命のもたらす「光」と「影」を決して看過してはならない。以下、白書が取り上げている項目に従いながらも、私見を織りまぜながら言及をくわえていきたいと思う。

ちなみに、国際法学者の岩本誠吾教授によれば、サイバースペース（電脳空間）における攻撃及び防御を意味するサイバー戦における攻撃形態には次に掲げる二種類のものがあるという（同「国際法におけるサイバー戦の位置付け」『防衛法研究』二五号、二〇〇一年、六六頁）。

第一に、リアルタイムで外部からコンピュータに侵入し、コンピュータ内のプログラムやデータを盗み、改ざんし、破壊するハッキング。

第二に、特殊なプログラムをサイバースペースに送り込むことで特定の又は不特定のプログラムを改ざんし、破壊するコンピュータウィルスなど（こちらは、必ずしもリアルタイムではない）。

◇　**サイバー戦の五つの特徴**

① コンピュータのプログラムやデータの改ざん・破壊ということから、人を殺傷せず（非殺傷性）、物それ自体を破壊せず（非破壊性）、さらに他国領域へ物理的に侵入しないこと（非物理的侵入性）。

② その攻撃を軍事目標に限定できるのか否か、この攻撃はそもそも国内法上の犯罪かそれとも国際法上の違法行為なのか、などこれまで国際法上意味を有していた区別が不明確になったこと（区別の不明確化）。

③ 一般に普及しているインターネットに接続しているコンピュータ一台を使えば、国家やそれに準ずる組織体どころか一個人ですら、要するに不特定多数の者が時・所を選ぶことなく攻撃へ参入できること（参入容易性）。

④ 確信犯から愉快犯に至るまで動機が多種多様でありうること（動機の多様性）。

⑤ サイバー攻撃なのか単なるコンピュータの不具合なのか認定しがたく、またサイバー攻撃だと

してもその主体、つまり攻撃者の割り出しが困難であること（攻撃認定及び攻撃者の追跡調査の困難性）。

なお、攻撃者自身もその攻撃結果の予測が極めて困難であるということが、サイバー攻撃の特徴であるとも語られている。

〔岩本誠吾・前掲論文六六～六七頁（一部表現を変えてある）〕

Ⅱ　情報通信革命への防衛分野における対応

防衛庁・自衛隊は、「セキュリティが確保され統合化された高度なネットワークを構築し、情報・指揮通信機能の強化を図ることを含め、あらゆる分野を高度に情報化することにより、情報優越を追及し、防衛力を統合的かつ有機的に運用し得る基盤を体系的に構築する」（白書一二九頁）ことなどを基本方針として、その中核となる三つの政策を掲げる。

第一に高度なネットワーク環境の整備、第二に情報・指揮通信機能の強化、第三に情報セキュリティの確保である。

これらの諸施策は、著者がみる限り、平成一二年一二月一五日、安全保障会議及び閣議で決定された「中期防衛力整備計画（平成一三年度～平成一七年度）について」に依拠していると思われるが、事実、同別紙「中期防衛力整備計画（平成一三年度～平成一七年度）」は次のように述べている。

「情報通信技術の急速な進歩・普及に伴い、戦闘様相の広域化・高速化や兵器の高性能化が促進される可能性があること、各種情報システムに対してネットワークや情報システムを利用した電子的な攻撃（サイバー攻撃）が行われる可能性が生じていること等を踏まえ、情報通信技術を積極的に取り込みつつ、防衛庁・自衛隊を通じた高度なネットワーク環境の整備、各種指揮通信システムの整備、情報セキュリティの確保等の諸施策を重点的に推進する。」

すなわち、高度なネットワーク環境の整備は文字通り「高度なネットワーク環境の整備」に、情報・指揮通信機能の強化は「各種指揮通信システムの整備」に、情報セキュリティの確保はこれまた文字通り「情報セキュリティの確保」にそれぞれ対応している。

以下、「情報セキュリティの確保」を中心にふれ、他はその詳細を前掲・防衛白書に譲り（一二八頁以下）、ここでは見出し程度の言及にとどめる。

（ｉ）　高度なネットワーク環境の整備

①　防衛情報通信基盤（ＤＩＩ：Defense Information Infrastructure）の構築

②　コンピュータ・システム共通運用基盤（ＣＯＥ：Common Operating Environment）の構築

③　統合されたネットワークの管理運営基盤の構築

(ii)　情報・指揮通信機能の強化

情報通信技術の発展により、従来は不可能であった大量の情報を高速かつ正確に処理・伝達することが可能となった。特に軍事分野においては、各情報処理機能を強化して上級司令部及び第一線が入手した大量の情報を迅速・正確・適切に処理することなどにより、多種多様な情報の共有化、より迅速かつ的確な指揮統制の実現が重要となっている。

なお、米軍との相互運用性を確保することの必要性が特に指摘されており、著者からすれば米軍と自衛隊の密接な関係がこの領域においても強調されていることは極めて注目に値する。

加えて、同白書は自衛隊における中央指揮所の情報処理機能などの充実強化にもふれている（白書一三一頁）。もちろん、このような情報・指揮通信機能の強化の大前提が精密かつ正確な、すなわち「精確」な情報の入力にあることはいうまでもない。誤った情報入力はいかに精密兵器といえども、否、そうであればこそその誤爆を招くのである。ハイテク兵器なるものの「誤爆」の報に接するとき、なお一層その感を強くする。

(iii)　情報セキュリティの確保

平成一二年一二月一七日（日）付産経新聞はその特集記事「次期防何が変わる《中》サイバー・テロ対策」の中で、戦慄を覚えるサイバー戦の様相を次のように伝えている。

「平成九年（一九九七年）六月九日。米国防総省のコンピューターに〃侵入者〃があり、十三日までの五日間に約三万八千件の電子攻撃を行い、米軍関係者に脅威を与えた。米軍の心臓部に侵入を許したことの衝撃はもちろんだが、関係者がもっと背筋の寒くなる思いをしたのは、電子攻撃に気づいたのが攻撃対象者のわずか四％で、しかも上層部に異常を報告したのは一人だけだったことだ。」

この記事を読んで著者にとり極めて衝撃的だったのは、電子攻撃（サイバー攻撃）を許したこと以上にこの攻撃に気づいたのが攻撃対象者のわずか四％にすぎず、しかも上層部への報告者がわずか一人であったことである。これでは、自分が攻撃されたことすら知ることなく、まんまと電子攻撃（サイバー攻撃）の餌食にされるだけであろう。サイバー戦の怖さはまさにここにある。もちろん、実は、これは国防総省が自らの危機管理能力を試すため、内部組織に対する電子攻撃を極秘に行った「エリジブル・レシバー（資格ある応戦者：eligible receiver）」と名付けられたテスト結果だった、という落ちはある（同記事）。

このサイバー（電子）攻撃の認識及びその対応策の必要性については、前述の「中期防衛力整備計画（平成一三年度〜平成一七年度）」でもふれられていることは既にみた。

特にサイバー攻撃に対する情報セキュリティ体制の構築について、その基盤整備を行うとともに、サイバー攻撃に対する防御・対処能力、体制を確保する必要があることは、同白書の指摘するところでもある（一三二頁）。このような必要性に応えるべく、白書は、①情報セキュリティポリシーの策定、②情報セキュリティ基盤の整備、③サイバー攻撃対処組織（部隊）体系の構築の三施策を掲げる。各々については、次に掲げる通りである（一三二頁）。

①　情報セキュリティポリシーの策定　　情報セキュリティ基本方針と情報セキュリティ対策基準からなる情報セキュリティポリシーを策定すること。

②　情報セキュリティ基盤の整備　　防衛庁・自衛隊の各コンピュータ・システムやネットワークに所要の実装化を行い、また、運用ノウハウの蓄積を図るためのデータベースなどを整備すること。

③　サイバー攻撃対処組織（部隊）体系の構築　　防衛庁・自衛隊のコンピュータ・システムやネットワークに対する「サイバー攻撃」など新たな脅威に対応するため、防衛庁及び各自衛隊にネットワークに対する常時監視、システム監査、緊急事態対処などの情報セキュリティ確保に必要な各種機能などを有した組織（部隊）体系を構築する。

なお、一九九七（平成九）年の庁設置法の改正により、統合幕僚会議に「情報本部」が置かれることとなった（同法二八条の二）。情報に関するその所掌事項にふれれば、こうである。

①　二六条一項一号（統合防衛計画の作成に係る部分に限る。）及び二号（統合警備計画の作成に係る部分に限る。）に掲げる事項に係る統合幕僚会議の事務に必要な情報に関すること（二八条の二第二項二号）。

②　二六条一項五号及び六号に掲げる事項に係る統合幕僚会議の事務のうち情報に関する部分に関すること（同項三号）。
③　特別の部隊の編成を規定する自衛隊法二二条三項の規定により統合幕僚会議の議長の行う職務に関する事務のうち情報に関する部分に関すること（同項四号）。

「サイバー攻撃とはいかなるものか、わが国はそれに対していかに対応しようとしているのか」につき主に平成一三年版『防衛白書』に拠りながら言及してきた。次に、節を改めサイバー攻撃をめぐる法問題に若干の考察を加える。

Ⅲ　サイバー攻撃と武力攻撃・自衛権

サイバー攻撃が国連憲章五一条に規定する「武力攻撃（armed attack）」に当たると解されることにより、初めて同条の容認する自衛権行使の一要件が充たされる。その意味で、サイバー攻撃の武力攻撃該当性が各国の自衛権行使にとって重要な意義を有することとなる。以下、この問題につき少しく考察してみよう。この点に関する岩本教授による犀利な論点整理は、次に掲げるとおりである（岩本・前掲論文六七〜七〇頁参照）。

第一に、憲章二条四でその行使が原則的に禁止されている force とは、経済的または政治的強制ではなく、あくまでも軍事的な armed force に限定されるという解釈が一般的であった。

第二に、一九八六年の国際司法裁判所のニカラグア判決でも干渉行為（intervention）と armed attack を明確に区別し、自衛権の発動要件を armed attack に限定して解釈している。

第三に、一九七四年の総会決議「侵略の定義」一条においても、侵略とは、国家による armed force の行使であると規定されている。

第四に、武力紛争法分野の一九七七年のジュネーヴ諸条約第一追加議定書（以下、「第一追加議定書」という）四九条は、「攻撃（attacks）」を敵に対する暴力行為（acts of violence）と定義している。

換言すれば、国連憲章での force は、軍事的な武力（軍事力）を意味し、この軍事力は運動力学的エネルギーによって物理的な作用を及ぼすことを前提としている。

結局のところ、国連憲章二条四の force は軍事的な armed force であり、同憲章五一条の armed attack は軍事的な armed force による attack ということになろう。

したがって、このような憲章解釈に立てば、サイバー攻撃は、①非殺傷性・非破壊性・非物理的侵入性というその特色からして、物理的な軍事力の行使に当たらず、よって憲章五一条に規定する自衛権の発動要件である armed attack にも該当しないので、この攻撃に対し被攻撃国は自衛権を援用・行使できず、それ以外の対応策を講ずるほかはない、という結論になってしまう。

これが、サイバー攻撃・サイバー戦を想定していなかったこれまでの憲章解釈からする結論である。しかし、岩本教授は、このような結論に対して次のように述べ、疑問を呈している。

すなわち、「新たな戦闘形態に従来の解釈を変更することなくそのまま適用したり、内容、規模及び効果が多種多様なサイバー戦（サイバー攻撃と同義―小針）を一律に論じることは、科学技術の発達した現代社会の実情にそぐわない点が見受けられる」（同・前掲論文六八頁）。

このような新たな状況に対応すべく、国際法上でも新たな憲章解釈の試みが模索されており、この試みは結果として発生する被害を基準にして force、armed attack を定義し直すこと、すなわち force、armed attack の再定義である。すなわち、国連憲章での force 概念や armed attack 概念を物理的な軍事力といった形式や手段だけではなく、物理的な非軍事力（住民の国境外への追放、上流国による河川の分水や大水量の放流）、さらに非物理的な作用を含めて、引き起こされる被害や効果という観点から、ＩＴ時代に合うように憲章規定の再解釈を試みようとするものである（岩本・前掲論文六九～七〇頁）。むろん、必要以上に国連憲章の大原則である武力不行使原則の例外を拡大してはならないことはいうまでもない。

まさに、サイバー攻撃への国際法上の対応の試みはその途上にあるといってよい。今後、この分野での研究成果の公表が待ち望まれる。

Ⅳ　軍事における革命（ＲＭＡ：Revolution in Military Affairs）への対応

情報通信技術等の技術革新により戦闘様相に革命的な変化が生じつつあり、米国を初めとして主要国は軍事における革命に対する対応の研究や施策を進めているといわれる（白書一三四頁）。この技術の革命的な転換が軍隊の戦闘形態に、さらには防衛法制にいかなる影響を及ぼすことになるのか、注意深く見定めなければならない。

ところで、二〇〇〇（平成一二）年九月、防衛局防衛政策課研究室は「情報ＲＭＡについて」というパンフレットを作成・公表した。このパンフレットの概要は、同白書により把握することができる。

まず今後の見通しにつき触れれば、こうである。情報ＲＭＡという言葉から想像できる将来戦の様相について、「サイバー攻撃」によって勝敗が決するという考え方が一方にあるが、これに対して「見通し得る将来において、情報ネットワークの破壊にとどまり物理的破壊を全く伴わないような形での戦闘が支配的になること」を否定する。そして、将来戦の様相は、「サイバー攻撃」が併用されつつ、従来型の物理的破壊を伴う戦闘がさらにハイテク化、情報化する、と想定する（これまでの「消耗戦」とこれからの「麻痺戦」の併存）。

では、この戦闘のハイテク化、情報化とはどのようなことを意味するのか（白書一三五頁）。

第一に、無人偵察機や偵察衛星を含めた多様なセンサー情報の総合化により、戦場に関する情報（敵の兵力、装備や展開状況など）の戦場認識能力が向上すること。

第二に、このようなセンサー情報をネットワークを介して戦闘部隊に結びつけることにより、遠距離にある目標に正確に精密誘導兵器などの火力を指向させるといったシステム化による戦力発揮が可能となること。

さらに、このような戦闘のハイテク化、情報化のメリットは次の点に求められる。

第一に、誘導兵器の精密・正確さ、すなわち精確さのさらなる向上により、兵員や一般民間人の死傷の局限を求める現代社会のすう勢に対応できること。特に、このことは人権保障が強く求められる先進民主主義諸国にとっては極めて重要である。

第二に、情報ネットワークにより各部隊の情報の共有化が可能となり、部隊の分散にもかかわらず部隊の統一的な運用・戦闘ができること。

第三に、装備の自動化・無人化の進展が見込まれること。

ただし、以下の点に留意する必要がある。

第一に、テロ・ゲリラという形での攻撃に対して、情報ＲＭＡ化した軍隊といえども、その優位性を十分に発揮できない可能性もあること。情報ＲＭＡ化した軍隊対テロリスト・ゲリラコマンドという戦闘形態は非対称的戦闘形態といえる。

第二に、一般に情報ＲＭＡ化した軍隊は不必要な中間指揮階層をなくしてフラット化し、部隊も小規模化する。

このような部隊が果たして災害派遣、平和維持活動などの多様化した任務に有効適切に対応することができるか否かが問題となること。

V　おわりに

いずれにせよ、軍事における情報革命後の軍隊や戦闘形態がこれまでとは著しく様相を異にすることは否定しがたい。火器を用いることなくサイバー攻撃だけで勝敗が決するかはひとまず措き、やはりこのような攻撃方法が今後益々採用されることはたやすく予想できるところである。

では、問題はどこにあるのであろうか。著者が考えるに、それは法整備の遅れにある。技術、とりわけ軍事技術は革命的に進化を遂げる。しかし、法体系の「進化」は革命的とまではいいがたい。そこにギャップが生ずる。したがって、当面はこれまでの戦争法（武力紛争法）の準用をもって事態に対処しなければならないが、早晩、本章で取り上げたテーマについては国際法及び国内法双方からの新たな取組が急務となろう。このことを指摘し、終章に向かうことにする。

＊　本章の参考文献として、中村好寿『抑止力を越えて　二〇二〇年の軍事力』（時潮社、平成八）、同『軍事革命（RMA）〈情報〉が戦争を変える』（中央公論新社、二〇〇一）をあげておく。

◇　**本章にかかる新聞記事及び社説の主なもの**

①　次期中期防衛力整備計画（平成一三〜一七年度までの五年間にわたる防衛力整備の指針：平成

一二年一二月一五日安全保障会議・閣議決定）にかかる平成一二年一二月一六日（土）付産経新聞
【所要経費】計画期間中の防衛関係費の総額は約二五兆一六〇〇億円。各年度の予算編成は二五兆一〇〇億円程度の枠内で決定。予見し難い事象への対応などに必要がある場合、安全保障会議の承認を得て一五〇〇億円を限度として措置することができる。三年後に国際情勢、経済財政事情を勘案し、必要に応じて計画を見直す。

【計画の方針】防衛計画大綱に従い、防衛力の合理化・効率化・コンパクト化を推進し、必要な機能の充実と質的な向上を図る。特に、①情報通信技術の急速な進歩に伴う戦闘様相の広域化・高速化やサイバー攻撃の可能性などを踏まえ、高度なネットワーク環境の整備、指揮通信システムの整備、情報セキュリティーの確保などを推進、②ゲリラや特殊部隊による攻撃、核・生物・科学（NBC）兵器による攻撃への対処能力の向上、③災害派遣能力の充実などに留意する。

【自衛隊基幹部隊の見直し】陸上自衛隊　新たに五個の師団、一個の混成団の改編を実施し、うち一個の師団、一個の混成団を旅団に改編。計画期間末の編成定数は約一六万六千人（常備自衛官定員約一五万六千人、即応予備自衛官定員約一万人）とする。予備自衛官に公募制を新たに導入▽海上自衛隊　護衛艦部隊のうち一個護衛隊を廃止▽航空自衛隊　警戒管制部隊のうち見直しに着手していない方面隊などの一部の警戒群を警戒隊とする。

【空中給油・輸送機】戦闘機の訓練の効率化、事故防止、基地周辺の騒音軽減、国際協力活動の迅速な実施などに資するとともに、防空能力の向上を図るため空中における給油機能および国際協力活動にも利用できる輸送能力を有する航空機を整備する。

【戦域ミサイル防衛（TMD）】海上配備型上層システムを対象とした日米共同技術研究を引き続き推進。技術的な実現可能性などについて検討の上、必要な措置を講ずる。

【主要事業】指揮通信機能を充実し、ヘリコプター三機を搭載する排水量一三、五〇〇トンの大型護衛艦の整備▽最新イージスシステムを搭載し対空能力を充実したミサイル護衛艦の整備▽哨戒ヘリ、新掃海・輸送ヘリを整備▽夜間行動能力に優れた新型戦闘ヘリコプターの整備▽F15戦闘機の近代化▽地対空誘導弾の能力向上▽新中距離地対空誘導弾の整備▽ゲリラや特殊部隊による攻撃に対処する専門部隊、島しょ部への侵略や災害に対処する部隊の新編▽NBC攻撃に対処するための人員、装備の充実▽災害派遣への即応態勢強化のため、全国の部隊から常時二七〇〇人の要員・部隊を指定し二四時間態勢を確立。艦艇の緊急出動態勢の確立。海自機動施設隊と空自機動衛生班の新編、予備自衛官の活用。▽自動警戒管制組織（バッジシステム）の近代化▽防衛統合デジタル通信網（IDDN）の整備▽情報収集器材の充実▽能力の高い情報専門家の確保▽秘密保全に関する部隊の強化▽輸送ヘリコプターなどの整備と国外運航のための装備、訓練の充実▽夜間暗視装置の充実（後略）。

【技術研究開発】Ｐ３Ｃ哨戒機の後継機、Ｃ１輸送機の後継機、新型戦車などの研究開発を推進。Ｐ３Ｃ後継機とＣ１後継機は一部を共用化。技術開発では民生品、民生技術の活用などで開発経費や量産単価を抑制。

【日米安全保障体制の信頼性の向上】アジア太平洋地域を中心に国際情勢について情報交換を強化、防衛政策などの密接な協議を継続▽日本に対する武力攻撃に際しての共同作戦計画、周辺事態に際しての相互協力計画の検討。共同演習の充実▽日米共同研究など装備・技術面での幅広い相互交流▽沖縄の施設・区域の整理、統合、縮小を含む在日米軍の駐留を円滑にするための施策の推進。

【より安定した安全保障環境の構築】米国と密接に連携し、周辺諸国をはじめとする関係諸国との信頼関係の推進を図り、より安定した安全保障環境の構築に積極的に貢献。二国間、多国間の安全保障対話、防衛交流などを推進する。

【その他】沖縄に関する特別行動委員会（SACO）関連事業を着実に実施し、所要経費については別途明らかにする。

②「〈同日付〉産経主張」全文

〈日米同盟強化へ法整備を　次期防〉

来年度から始まる防衛庁・自衛隊の防衛力整備五カ年計画（次期防）が、十五日の閣議で決定された。これからの五年間、防衛庁・自衛隊は新たな課題に取り組んでいく。急速な情報技術（ＩＴ）の進展への対応、非在来型の脅威、例えばゲリラや特殊部隊による潜入・攻撃への備え、具体的な約束を求めてくる米国との安全保障協力関係など、いずれも難問である。こうした諸問題を解決していくためには装備品（武器類）の新規更新と同時に、次期防では編成、法制度などへのいっそうの取り組みが必要である。

ＩＴへの対応でいえば、国家安全保障上の秘密を抱えながら、情報通信経由の情報漏洩対策は、緒についたばかりである。防衛庁は、庁内閉鎖回路で漏出を防げるとしているが、問題点はふたつある。ひとつは閉鎖回路によって、秘密保全ができたとしても、外からの情報流入をもシャットアウトしてしまう点である。米軍との窓口はいつでもオープンにしておかねば共同して脅威に即応できないが、米軍はインターネットを通じて世界中の部隊と接触を保っている。外国などからサイバー攻撃を受ける可能性をどう防いでいくか。

米国の例でいえば、一九九五年に米国防総省のコンピューターに不法侵入を企てた回数は分かっているだけで三万八千回（推定では二十五万回）、うち保護措置を突破したのが二万四千七百回、さらに中心部に侵入成功したのが九百八十八回もあった。

都市災害、ゲリラ・特殊部隊への即応という重要性を増す任務にしても、進行中のコンパクト化と相反する要求ではないか。災害やゲリラなどへの対応では、膨大なマンパワーが必要になるからである。一九九六年九月、韓国東海岸に北朝鮮の特殊部隊十三人が上陸したときは、韓国陸軍延べ百五十万人が動員され、全員を掃討するまでに一カ月半かかっている。この二律背反をどう解決していくのか。

これからの五年間で、もっとも重要なテーマは、日米関係の懸案解決と、国内法整備だと思われる。ブッシュ新政権は目に見えるかたちでの同盟関係強化を求めてくるとみられる。これまで集団的自衛権不行使をたてに、日米間に存在した同盟協力の限界を大幅に撤廃するよう要望してくるだろう。それはまた、有事法制度や、これまで放置されていた軍令（指揮統率システム）の一本化などの国内法整備が迫られることをも意味している。日米安保条約の再検討を含めた両国安全保障関係の見直しをも、視野に入れていかねばなるまい。

③　「平成一二年一二月一六日付読売新聞社説」

〈二一世紀の「軍事革命」に遅れるな　次期防決定〉

スキのない防衛体制を構築するには、技術革新や内外の情勢の変化を的確に踏まえた防衛力整備が不可欠である。

来年度から五年間の新たな中期防衛力整備計画（次期防）はそうした観点から、ＩＴ（情報技術）革命への対応や、ゲリラ、特殊部隊などによる多様な攻撃への対処能力の向上に重点を置いた。妥当な認識と言える。

ＩＴの急速な進歩と普及は軍事の分野にも劇的な変化をもたらしつつある。米国は湾岸戦争以降、先進的な技術を生かした組織、戦術、装備全般にわたる「軍事における革命」（RMA）を積極的に推進している。

日本は大幅に遅れ、これから着手する段階だ。自衛隊の能力向上だけでなく、日米安保の効果的運用の面からも危機感をもって取り組まなければならない。

ＩＴ分野の技術革新は予想以上の速度で進む。必要なら次期防期間中でも計画を見直し、迅速に対応すべきだ。

ゲリラ、特殊部隊の攻撃等への対処能力強化は、昨年の北朝鮮の工作船による領海侵犯事件を踏まえたものだろう。

南北首脳会談を機に朝鮮半島で対話ムードは高まっているが、軍事情勢には変化はない。期間中の防衛費の総額は二十五兆千六百億円を上限としている。装備の質の向上は不可欠だ。同時に、厳しい財政事情を踏まえ、調達価格の抑制にも一層努力する必要がある。

主要装備では、懸案の空中給油機四機の導入が盛り込まれた。これまで「専守防衛に反する」などとして反対してきた公明党も今回は容認した。

ただ、防衛庁が要求していた来年度予算への購入費の計上は、公明党が認めなかったため、見送られた。公明党内には「次期防に加えて、来年度予算での導入まで認めたら、来年夏の参院選に響きかねない」といった声が強いという。

国民の生命と財産を守る安保・防衛は国政の基本だ。防衛の重要事項を後回しにして、選挙対策を優先したのだとしたら、責任ある与党とは言えない。

今回の次期防をめぐる与党の論議は、全体に極めて低調だった。

次期防策定は、装備だけでなく、二十一世紀の防衛のあり方について本格的に論議する絶好の機会だったはずだ。

米国では同盟強化の観点から、日本に集団的自衛権行使の容認を求める動きが高まりつつある。これを正面から受け止め、責任ある防衛政策を打ち出すことが政治の役割だ。

次期防の着実な実行とあわせ、政党は防衛の本質論議を深めてほしい。

第9章　防衛法の根底にあるもの

——文民統制（シビリアン・コントロール）と立憲主義

本章の表題「防衛法の根底にあるもの」に思いめぐらすとき、著者の思いはやはり「文民統制と立憲主義」に至る。次に述べることは、幾度となく著者の拙著等において語ったことではあるが、本書においてもあえて繰り返す。基本的スタンスが未だに変わっていないからでもある。

立憲国家における政治（より広く非軍事という意味での「民事」）と軍事の在り方（いわゆる「民軍関係」）の重要性については、つとに立憲主義研究の権威C・フリードリッヒによって次のように述べられていることから、それをうかがい知ることができる。

「軍のコントロールの維持は、クロムウエル（Cromwell）からガンベッタ（Gambetta――フランスの元首相。小針）に至るまで立憲国家成功の諸前提を考えようとする者全てにとって死活問題とみられていた。」

まさに、立憲国家における軍隊統制の在り方の問題こそが文民統制の問題であるといえよう。すなわち、文民統制とは、民軍関係という視点に立っていえば、仮に立憲国家に軍隊という軍事的なるもの（軍事力）が存在するとして、この軍事と政治とのあるべき整合的かつ合理的な関係とはいかなるものか、という問いに対する回答と解される。

それは、まず第一に政治が軍事の暴走を抑え（文民統制の消極面）、次にもし軍事力が用いられるとすれば、その使用目的の設定や規模の決定等を政治が行うべきであるとする（文民統制の積極面）政治原則なり、政治制度であると語ることができる。そして、私見では、第一の側面にこそ文民統制の本来的意義が存在する。

それはまた、二つの要請の妥協の所産でもある。すなわち、第一に国家の外側から来る脅威（対外的脅威）から国土及び国民の生命・身体・自由・財産等を護るべしとする要請と、第二にこの要請に応えるべく国家内に設けられた軍事力（軍隊）がその本来の任務・目的に反して濫用され、護るべき国民の生命等の法益を侵害してしまうという脅威から個々の国民が保護されるべしとする要請である。すなわち、「軍事力による国家の安全保障の要請」と「軍事力（軍隊）からの個人の権利・自由保護の要請」、これら二つの要請の妥協の所産こそが文民統制であるといってよい。

いずれにせよ、文（民）が軍事的なるものをその内側に抱え込むというのは一種の妥協である。徹底的に非妥協的な立場の典型が「非武装一切戦力不保持」であって、このような体制にあっては「文」が統制すべき「軍事的なるもの（軍事力）」がそもそも存在しな以上、統制する客体を欠き、もはやそこに文民統制を語る余地はない。したがって、この立場は、軍縮化を通じて軍事力を無にするといった、いわば運動論的、過程論的側面を別にすれば、原理的には文民統制無用論に帰着する。これに対し、文民統制は軍事力（軍隊）という統制客体の存在を前提にして、はじめて語り得る。ここに、文民統制の妥協的性格が潜んでいる。

ところで、一口に文民統制とはいうものの、それには種々のものがあり、また統制段階にも多層性を認めることができる。例えば、国民やその代表者からなる議会（国会）による統制（民主的、政治的統制）、文民政府（内閣）による統制（政治的統制）、軍事組織の文民長官（防衛庁長官）による統制（政治的、行政的統制）、同組織内での文官（わが国では「制服組」に対し「背広組」と呼ばれる内局、特に参事官）による統制（これを皮肉混じりに「文民」統制ではなく、「文官」統制という論者もおり、この「文官」統制がいわゆる「文民」統制の内実をなすものか否かが一つの争点を成している）といったものが考えられる。どこに力点を置いて文民統制を観念するかは、各国家の事情によるものと解されるが、「文官」統制も「文民」統制の一形態とみるのが、著者の立場である。

加えて、仮に文民統制の問題が政治による官僚統制の問題に還元されるならば（「官僚支配」から「政治主導」へのパラダイム転換）、とりたてて文民統制を語る独自の意味はないといわなければならない。しかしながら、このような立場にたやすく与することはできないように思われる。というのも、官僚組織一般と軍事組織（軍隊）との間には、質的か量的かの違いはひとまず措き、看過できない違いが認められるからである。後者の軍事組織はいわば物理的破壊力の独占者であり、この武力組織としての性格は他の国家組織、すなわち官僚組織一般にはみられないのである。最後の手段としての軍事力が振るわれた場合、もはや「やり直し」は効かず、その結果は「一国ないし国際間の政治状況に、または、一般国民の社会生活に残す爪跡の深さは、勝ち負けに関係なく、他の政策では考えられないほど致命的なものである」（西岡朗『現代のシビリアン・コントロール』一〇六頁（知識社、昭和六三））。そうであればこそ、「文」による「武」の統制がことさらに語られる所以もあるのである。これが、「国家の任務の中でも、防衛任務は、一般の対外関係の処理や財政運営、国民福祉の増進など国内的な任務とは根本的に異なる性質をもっている」（西岡・同頁）ことの意味でもあろう。

ところで、もしも政治が無遠慮に軍事をもてあそぶとしたら、一体誰がそれを食い止めることができようか。賢明なる主権者たる国民しかいないように思われる。文民統制を考える場合、実は、軍事の暴走のみならず、政治の暴走をも考慮しなければならないのである。

いずれにせよ、サイバーテロ・国際テロという新たな攻撃形態はさて措き、国家の実力行使は最後の手段

(ulutima ratio) なのであって、このことは決して忘却されてはならない。本書はこのような根本的思考に基づいてものされている。

果たして、法は武器のさなかにあって沈黙すること (in arma silente leges) を余儀なくされるのであろうか。自問自答しつつ、筆を置く。

あとがきに代えて

本書の校正が終了した後、四月一六日の臨時閣議で政府がいわゆる「有事関連三法案」を決定した、との報に接した。

これら三法案とは、具体的には①武力攻撃事態における我が国の平和と独立並びに国及び国民の安全の確保に関する法律（案）（以下「武力攻撃事態法案」という）、②自衛隊法の一部を改正する法律（案）（以下「自衛隊法改正案」という）、③安全保障会議設置法の一部を改正する法律（案）（以下「安全保障会議設置法改正案」という）である。

以下、三法案の概略を寸評を交えて紹介し、若干の検討を試みる。

①「武力攻撃事態法案」は武力攻撃事態への対処について、基本的枠組を定めるものである。その枠組は、対処基本方針案（武力攻撃事態の認定・当該事態への対処に関する全般的方針及び対処措置に関する重要事項等をその内容とする）の内閣総理大臣による作成、同案の閣議決定、対処基本方針の国会による承認、対策本部（その長は武力攻撃事態対策本部長とし、内閣総理大臣をもって充てる）の設置、具体的な対処措置の実施等から構成されている。その詳細には立ち入る余裕はないが、なんといっても最大の眼目は「対処基本方針」であろう。このことのみ、一言触れておく。

ところで、同法案の一条は次のように定めている。

「この法律は、武力攻撃事態への対処について、基本理念、国、地方公共団体等の責務、国民の協力その他の基本となる事項を定めることにより、武力攻撃事態への対処のための態勢を整備し、併せて武力攻撃事態への対処に関して必要となる法制の整備に関する事項を定め、もって我が国の平和と独立並びに国及び国民の安全の確保に資することを目的とする。」

では、そもそも「武力攻撃」なり「武力攻撃事態」とは何か。これらにつき、定めるのが定義規定である二条であって、各々の定義は以下のとおりである。

「武力攻撃　我が国に対する外部からの武力攻撃をいう。」（同条一号）

「武力攻撃事態　武力攻撃（武力攻撃のおそれのある場合を含む。）が発生した事態又は事態が緊迫し、武力攻撃が予測されるに至った事態をいう。」（同条二号）

〈寸　評〉

この武力攻撃の定義は、そもそも「武力攻撃」という概念が明らかにされていない以上、定義としては不十分であり、「武力攻撃とは武力攻撃である」と説くに等しい。これでは、同語反復である。しいていえば「外部からの」攻撃に限定している点に意味があるように思われるが、これとても当然のことを定めたものと理解できなくはない。ちなみに、防衛出動を規定する自衛隊法七六条一項は「外部からの武力攻撃（外部からの武力攻撃のおそれのある場合を含む。）」と定めている。この表現をそっくりそのままもってきたといえよう。肝心なのは「武力攻撃」とは何かである。

また、「武力攻撃事態」についていえば、上記のごとくで、結局、論理的に分析すれば次の四つの事態が考えられよう。

第一に、武力攻撃が発生した事態

第二に、武力攻撃のおそれのある場合が発生した事態
第三に、事態が緊迫し、武力攻撃が予測されるに至った事態
第四に、事態が緊迫し、武力攻撃のおそれのある場合が予測されるに至った事態

では、このような武力攻撃事態にいかに対処すべきか。この基本問題に答えるのが、「武力攻撃事態への対処に関する基本理念」（三条）を初めとし、「国の責務」（四条）、「地方公共団体の責務」（五条）、「指定公共機関の責務」（六条）、「国と地方公共団体との役割分担」（七条）及び「国民の協力」（八条）といった事項を定める一連の規定である。ここでは、国民生活にかかわりの深い「地方公共団体の責務」（五条）、「国民の協力」（八条）二点に的を絞り、案文を次に示す。

［地方公共団体の責務］（五条）

「地方公共団体は、当該地方公共団体の地域並びに当該地方公共団体の住民の生命、身体及び財産を保護する使命を有することにかんがみ、国及び他の地方公共団体その他の機関と相互に協力し、武力攻撃事態への対処に関し、必要な措置を実施する責務を有する。」

地方公共団体がその責務を有するとされる「必要な措置を実施する」とは何かは判然としないが、この箇所は「国と地方公共団体との役割分担」を規定する七条の「地方公共団体においては武力攻撃事態における当該地方公共団体の住民の生命、身体及び財産の保護に関して、国の方針に基づく措置の実施その他適切な役割を担うことを基本とするものとする」という箇所と関連づけて解されるべきである。

〈寸　評〉

おそらくは、法案の「第二章　武力攻撃事態への対処のための手続等」、特に「対処基本方針」を規定する九条、「内閣総理大臣の権限（指示権・代執行権）」を規定する一五条が大きくものを言うことになろう。実は、一

五条には関係する地方公共団体の長等に対する内閣総理大臣の対処措置実施の指示権（一項）及び代執行権（二項）が定められており、代執行権についていえば、内閣総理大臣は、「国民の生命、身体若しくは財産の保護又は武力攻撃の排除に支障があり、特に必要があると認める場合であって、事態に照らし緊急を要すると認めるとき」等の所定の場合には、関係する地方公共団体の長等に通知した上ではあるが、対処措置を代執行することもできるのである。

なお、ここに「地方公共団体の長等」とは、地方公共団体の長その他の執行機関及び指定公共機関（独立行政法人、日本銀行、日本赤十字社、日本放送協会その他の公共的機関及び電気、ガス、輸送、通信その他の公益的事業を営む法人で、政令で定めるもの——二条五号）を指す（一四条二項）。

〔国民の協力〕（八条）

「国民は、国及び国民の安全を確保することの重要性にかんがみ、指定行政機関、地方公共団体又は指定公共機関が対処措置を実施する際は、必要な協力をするよう努めるものとする。」

〈寸　評〉

このように、国民に対しては罰則なしの協力義務が、訓示規定的に定められている。このような規定の仕方であれば、「犯罪に因る処罰の場合を除いては、その意に反する苦役に服させられない」と定める憲法一八条後段に触れることはあるまい。問題は、その時がやって来たならば本当にこれで済むのか、ということであろう。軍が国民から物資・人力を強制的に取り立てる徴発・徴用は戦時の常である。

その他、武力攻撃事態にかかる諸々の事柄、例えば国民への警報の発令、避難の指示、被災者の救助等の諸問題は事態対処法制（武力攻撃事態への対処に関して必要となる法制）の整備に委ねられており、まさに今後の課題と言ってよい。

ちなみに、二二三条二項によれば、事態対処法制の整備は、「その緊急性にかんがみ、この法律の施行の日から二年以内を目標として実施するものとする」とされている。

② 「自衛隊法改正案」は、自衛隊法の一部改正に関する限り、第一に防衛出動に関する規定の整備、第二に防衛出動時における物資の収容等に係る規定の整備、第三に防衛出動下令前の防御施設構築の措置に係る規定の新設、第四に防衛出動時における自衛隊の緊急通行に係る規定の新設、第五に取扱物資の保管命令に従わなかった者等に対する罰則、第六に防衛出動時等における関係法律の特例の整備をその骨子としている（平成一四年四月一七日付読売新聞に拠る）。

この改正は、防衛出動時及びその前段階における自衛隊の部隊行動に対し広く活動の自由を認めることを狙いとしている。例えば、防衛出動時における物資の収容等につき定める同法一〇三条の規定により土地を使用する場合において、当該土地の上にある立木その他土地の定着物件が自衛隊の任務遂行の妨げとなると認めるときは、都道府県知事は当該立木等の移転や処分を行うことができる。

また、防衛出動下令前であっても、防衛庁長官は、所定の場合には展開予定地域（防衛出動を命ぜられた自衛隊の部隊を展開させることが見込まれ、かつ、防衛をあらかじめ強化しておく必要があると認める地域）があるときは、内閣総理大臣の承認を得た上、その範囲を定めて、自衛隊の部隊等に当該展開予定地域内において陣地等の防御施設を構築する措置を命じることができる。その際、この措置の遂行に従事する自衛官には自己又は自己と共に当該職務に従事する隊員の生命又は身体を防護するため、所定の場合において武器の使用が認められている。この場合も、他の防衛関連法律の類似ケースと同様、人に危害を与える対人的武器使用は刑法三六条（正当防衛）

又は同三七条（緊急避難）に該当する場合に限られる。

なお、同法一〇三条による取扱物資の保管命令違反（隠匿・毀棄又は搬出）には六月以下の懲役又は三〇万円以下の罰金が科される。

〈寸　評〉

この改正において、特筆すべきものとしては二つある。第一に、防衛出動下令前における陣地等の防御施設の構築に途が開かれたこと。第二に、取扱物資の保管命令違反（隠匿・毀棄又は搬出）に対して刑罰制裁が科されること、である。後者は民間の物資取扱業者が対象となるだけに、憲法の保障する個人権との関係で問題が生ずる。

③「安全保障会議設置法改正案」の骨子は概要次のとおりである。

第一に、内閣総理大臣の諮問事項を次のように改める。

一　武力攻撃事態への対処に関する基本的な方針

二　内閣総理大臣が必要と認める武力攻撃事態への対処に関する重要事項

三　内閣総理大臣が必要と認める重大緊急事態への対処に関する重要事項

これら三事項を追加し、他方、一の新設に伴い、諮問事項から現行の二条に規定する「防衛出動の可否」を除くこととした。それだけに、武力攻撃事態に対処するための「対処基本方針」はその重要性を増すことになる。武力攻撃事態法（案）の要諦はまさにここにあると言ってよい。

第二に、同会議の議員を次のように改める。

一　総務大臣、経済産業大臣及び国土交通大臣を加え、経済財政政策担当大臣を議員から除くこと。

二　事態対処に関し、事態の分析・評価について特に集中審議する必要があると認める場合は、外務大臣、国土交通大臣、内閣官房長官、国家公安委員長、防衛庁長官に議員を限って事案について審議を行うことができるようにしたこと。

もちろん、内閣総理大臣は議長としてこの会議の構成員となり、会議を総理する（同法四条）。したがって、二の場合にあって同会議は、議長である内閣総理大臣と外務大臣、国土交通大臣、内閣官房長官、国家公安委員長、防衛庁長官の五議員から構成されることとなり、あくまでも機能的視点からではあるが、さながら内閣の中の内閣（閣内内閣）、インナー・キャビネット（inner cabinet）を想起させる。

第三に、同会議に事態対処専門委員会を置き、委員長は内閣官房長官をもって充てることとする。

〈寸　評〉

安全保障会議と事態対処専門委員会との関係が極めて興味深いが、後者の委員会が制服組（現職自衛官）を組み入れて事態対処につき軍事的にも専門的に検討をくわえ、政策を企画・立案し、前者の安全保障会議へ提言していくという構図が描かれているとすれば、相当に機動的な組織が構築されることになろう。比喩的に表現すれば、安全保障会議が頭脳で、事態対処専門委員会が手足ということになろうか。ただ、手足に頭脳がコントロールされないことが肝要事ということになる。

以上足早に瞥見してきたが、総評的に著者の感想を述べれば、次のとおりである。確かに焦臭《きな》い話ではあるが、この度の有事関連三法案は、武力の行使を前提として設置された自衛隊というわが国の武力組織による部隊行動に相応の法的道筋をつけるものであるということができる。その意味では必然的な成り行きであり、超法規的な部隊行動に一定の歯止めをかけたともいえる。このような立法がなされず、有事が到来し、自衛隊の防衛出動という事態が生ずれば、これまでの法状況下では、超法規的対処も想定しなければならなかったはずである。問題は、法制度化のタイミングとその内容であろう。

今まさに、周辺からの「飛び火」は中心に到達しようとしている。周辺事態安全確保法から武力攻撃事態法（案）への展開がそのことを雄弁に物語っているように思われる。

なお、改正法の論点については、「第**6**章補論　有事法制」のみならず、「第**6**章　自衛隊と日米安保体制」中の「Ⅳ　周辺事態安全確保法等」、加えて「第**1**章　国民生活と防衛」中の「Ⅱ　有事における国民生活」をも併せて参照願いたい。

防衛法の世界に限らず、社会の変動が大きいため新法の制定も含め法改正が頻繁になされるようになってきているが、本書では比較的詳細な索引を準備したので、適宜関連項目を参照して、読者各位の積極的な意味理解と批判的検討が大いに期待される。

索　引

あ　行

か　行

た　行

な　行

は　行

ま　行

や　行

ら　行

わ　行

防衛法概観　著者紹介

小 針 司　こばり　つかさ

昭和24年　宮城県気仙沼に生れる
昭和47年　東北大学法学部卒業
昭和49年　東北大学大学院法学研究科修了
現　　在　岩手県立大学総合政策学部教授

主要著書『憲法講義』(全、改訂新版，平成10年，信山社)
『防衛法制研究』(平成 7 年，信山社)
『続・防衛法制研究』(平成12年，信山社)
「国際法・国内法一元論と二元論」(菅野喜八郎先生古稀記念論集『公法の思想と制度』(新正幸・早坂禧子・赤坂正浩 編，平成11年，信山社))

防衛法概観

初版第 1 刷発行　2002年 5 月20日発行

著　者

小 針　司

発行者

袖　山　貴＝村岡侖衛

発行所

信山社出版株式会社

113-0033　東京都文京区本郷6-2-9-102
TEL 03-3818-1019　FAX 03-3818-0344

印刷・製本 エーヴィスシステムズ　発売 大学図書

ISBN4-7972-5273-1　C3032